数控加工工艺

SHUKONG JIAGONG GONGYI

主 编	张 词	陈 奇		
副主编	廖汝洪	张光平	王 曾	崔海波
参 编	刘 斌	翁德平	聂小琴	冯 伟
	崔建红	唐丽萍	祁 航	张 扬

重庆大学出版社

图书在版编目(CIP)数据

数控加工工艺／张词，陈奇主编. -- 重庆：重庆
大学出版社，2019.9
ISBN 978-7-5689-1152-8

Ⅰ. ①数… Ⅱ. ①张… ②陈… Ⅲ. ①数控机床—加
工—中等专业学校—教材 Ⅳ. ①TG659

中国版本图书馆 CIP 数据核字(2018)第 172952 号

数控加工工艺

主　编　张　词　陈　奇
副主编　廖汝洪　张光平　王　曾　崔海波
策划编辑:陈一柳

责任编辑:李定群　　　版式设计:陈一柳
责任校对:万清菊　　　责任印制:赵　晟

*

重庆大学出版社出版发行
出版人:饶帮华
社址:重庆市沙坪坝区大学城西路 21 号
邮编:401331
电话:(023)88617190　88617185(中小学)
传真:(023)88617186　88617166
网址:http://www.cqup.com.cn
邮箱:fxk@cqup.com.cn(营销中心)
全国新华书店经销
POD:重庆书源排校有限公司

*

开本:787mm×1092mm　1/16　印张:12.5　字数:283 千
2019 年 9 月第 1 版　　2019 年 9 月第 1 次印刷
ISBN 978-7-5689-1152-8　定价:32.00 元

编委会

主　任　赵建国

副主任　何　江　李良平　张光平　程　驰

　　　　李贞惠　唐万军　陈家祥

主　审　魏国权

前　言

为了全面贯彻国家关于应用型人才培养相关文件的精神，突出"加强高技能型人才的实践能力和职业技能的培养，高度重视实践和实训环节教学"的要求，以就业为导向，以企业岗位操作要领为依据，确立一切从企业效率出发的思考方向，培养学生务实严谨的专业品质和职业能力，以国家职业技能鉴定标准为标准，结合我校的实际情况，我们编写了此书。

本书共3个项目：项目一数控加工工艺基础，项目二数控车削工艺编制，项目三数控铣削工艺编制。本书是重庆市万州高级技工学校示范校建设的成果，根据中等职业院校学生认知及职业成长规律，设计由简单到复杂、由单要素数控加工工艺分析编制到多要素中等以上复杂程度零件综合数控加工工艺分析编制，共20个任务。项目二和项目三采用基于工作过程"项目驱动、任务引领"的方式，按典型数控加工零件的分类。

本书融"教、学、做"为一体，工学结合，根据职业岗位完成工作任务的需要来选择和组织教材内容，教材内容与编排符合行动体系的"时序"串行。本书结构严谨，特色鲜明，图文并茂，内容丰富，实用性强。理论问题论述条理清晰，详简得当，易于掌握；项目案例是根据职业岗位工作领域、工作过程、工作任务和职业标准所涉及的典型零件数控加工工艺来选取的，大多数来源于生产实际，具有示范性，有利于培养学生的职业能力。

本书是按中等职业院校学生的基础来编写的，也可作为职业技术院校机电一体化、机械制造类专业的教材及机械工人的岗位培训和自学用书。

由于编者水平有限，书中难免有不足之处，恳请广大读者和同仁提出宝贵意见。

编　者

2019 年 2 月

Contents 目录

项目一

数控加工工艺基础

任务一　数控加工与数控加工工艺概述

任务描述

通过相关知识的学习,了解数控加工工艺的作用,掌握数控加工工艺的主要内容。

能力目标

1. 能阐述数控加工中加工工艺的作用;
2. 能说出数控加工工艺的概念;
3. 能阐述数控加工工艺的主要内容;
4. 能说出数控加工工艺的发展趋势。

相关知识

"数控加工工艺"是以数控机床加工中的工艺问题为研究对象的一门综合基础技术课程。它以机械制造中的工艺基本理论为基础,结合数控机床高精度、高效率和高柔性等特点,综合应用多方面的知识,解决数控加工中的工艺问题。

一、数控加工工艺过程的概念

数控加工工艺是采用数控机床加工零件时所运用各种方法和技术手段的总和,应用于整个数控加工工艺过程。

数控加工工艺是伴随着数控机床的产生、发展而逐步完善起来的一种应用技术。它是人们大量数控加工实践的经验总结。

数控加工工艺过程是利用切削刀具在数控机床上直接改变加工对象的形状、尺寸、表面位置及表面状态等,使其成为成品或半成品的过程。

利用数控机床完成零件数控加工的过程如图 1-1-1 所示。它主要包括以下内容:

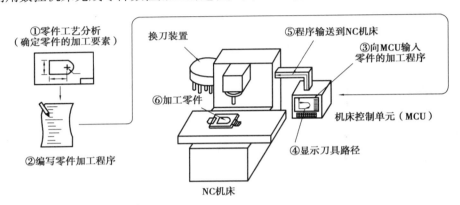

图 1-1-1　数控加工的过程

①根据零件加工图样进行工艺分析,确定加工方案、工艺参数和位移数据。

②用规定的程序代码和格式编写零件加工程序,或用自动编程软件进行CAD/CAM工作,直接生成零件的加工程序文件。

③程序输入或传输。手工编程时,可通过数控机床的操作面板输入加工程序;由编程软件生成的程序,可通过计算机的串行通信接口直接传输到数控机床的数控单元(MCU)。

④调试输入或传输到数控单元的加工程序,进行试运行、刀具路径模拟等。

⑤通过对机床的正确操作,运行程序,完成零件的加工。

由图 1-1-1 可知,数控加工过程是在一个由数控机床、刀具、夹具及工件构成的数控加工工艺系统中完成的。数控机床是零件加工的工作机械,刀具直接对零件进行切削,夹具用来固定被加工零件并使之占有正确的位置,加工程序控制刀具与工件之间的相对运动轨迹。

图 1-1-2 是数控加工工艺系统的构成及相互关系。工艺系统性能的好坏直接影响零件的加工精度和表面质量。

二、数控加工工艺设计的主要内容

在数控加工中,进行数控加工工艺设计主要包括以下内容:

①选择并确定进行数控加工的内容。

②对零件图纸进行数控加工的工艺分析。

③零件图形的数学处理及编程尺寸设定值的确定。

④数控加工工艺方案的制订。

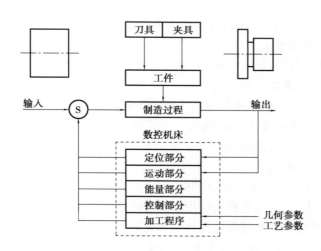

图 1-1-2 数控加工工艺系统

⑤工步、进给路线的确定。

⑥选择数控机床的类型。

⑦刀具、夹具、量具的选择和设计。

⑧切削参数的确定。

⑨加工程序的编写、校验和修改。

⑩首件试加工与现场问题处理。

⑪数控加工工艺技术文件的定型与归档。

三、数控加工工艺的特点

数控加工通过使用计算机控制系统和数控机床,使数控加工具有加工自动化程序高、精度高、质量稳定、生成效率高、周期短及设备使用费用高等特点。数控加工在加工工艺上,也与普通加工工艺有一定的差异。

1. 数控加工工艺内容要求更具体、更详细

普通加工工艺:许多具体工艺问题,如工步的划分与安排、刀具的几何形状与尺寸、走刀路线、加工余量及切削用量等,在很大程度上由操作人员根据实际经验和习惯自行考虑和决定,一般无须工艺人员在设计工艺规程时进行过多的规定,零件的尺寸精度也可由试切保证。

数控加工工艺:所有工艺问题必须事先设计和安排好,并编入加工程序中。数控工艺不仅包括详细的切削加工步骤,还包括工夹具型号、规格、切削用量及其他特殊要求的内容,以及标有数控加工坐标位置的工序图等。在自动编程中,更需要确定详细的各种工艺参数。

2. 数控加工工艺要求更严密、更精确

普通加工工艺:加工时,可根据加工过程中出现的问题较自由地进行人为调整。

数控加工工艺:自适应性较差,加工过程中可能遇到的所有问题必须有精心的考虑,否则将导致严重的后果。

①在攻螺纹时,数控机床无法得知孔中是否已挤满切屑,因此,必须考虑是否需要退刀清理一下切屑再继续加工。

②普通机床加工可通过多次"试切"来满足零件的精度要求,数控加工过程必须严格按规定尺寸进给,要求准备无误。

3. 制订数控加工工艺要求进行零件图形的数学处理和编程尺寸设定值的计算

编程尺寸并不是零件图上设计的尺寸的简单再现,而是在对零件图进行数学处理和计算时,编程尺寸设计值要根据零件尺寸公差要求和零件形状的几何关系重新调整与计算,才能确定合理的编程尺寸。

4. 考虑进给速度对零件形状精度的影响

在制订数控加工工艺时,选择切削用量要考虑进给速度对加工零件形状精度的影响。在数控加工中,刀具的移动轨迹是由插补运算完成的。根据分析插补原理,在数控系统已定的条件下,进给速度越快,插补精度越低,导致工件的轮廓形状精度越差,尤其在高精度加工时这种影响非常明显。

5. 强调刀具选择的重要性

复杂形面的加工编程通常采用自动编程方式,而在自动编程中必须先选定刀具再生成刀具中心运动轨迹。因此,对于不具有刀具补偿功能的数控机床来说,若刀具预先选择不当,则所编程序只能重新编制。

6. 数控加工工艺的特殊要求

①由于数控机床比普通机床的刚度高,所配的刀具也较好,因此,在同等情况下,数控机床切削用量比普通机床大,加工效率也较高。

②数控机床的功能复合化程序越来越高,因此,现代数控加工工艺的明显特点是工序相对集中,表现为工序数目少、工序内容多,并且在数控机床上尽可能安排较复杂的工序。数控加工的工序内容比普通机床加工的工序内容复杂。

③由于数控机加工的零件较复杂,因此,在确定装夹方式和夹具设计时,要特别注意刀具与夹具、工件的干涉问题。

7. 数控加工程序的编写、校验与修改是数控加工工艺的一项特殊内容

在普通加工工艺中,划分工序、选择设备等重要内容对数控加工工艺来说属于已基本确定的内容,因此,制订数控加工工艺的着重点在整个数控加工过程的分析,关键在确定进给路线及生成刀具运动轨迹。复杂表面的刀具运动轨迹生成需借助自动编程软件,既是编程问题,也是数控加工工艺问题。这也是数控加工工艺与普通加工工艺最大的不同之处。

四、数控加工的新发展

随着计算机技术突飞猛进的发展,数控技术正不断地采用计算机、控制理论等领域的最新技术成就,使其朝着高速化、高精化、复合化、智能化、高柔性化及信息网络化等方向发展。整体数控加工技术向着 CIMS(计算机集成制造系统)方向发展。

1. 高速切削

高速加工与传统的数控加工方法相比并没有什么本质的区别,两者牵涉同样的工艺

参数,但其加工效果相对于传统的数控加工有着无可比拟的优越性:

☆有利于提高生产率;

☆有利于改善工件的加工精度和表面质量;

☆有利于延长刀具的使用寿命和应用直径较小的刀具;

☆有利于加工薄壁零件和脆性材料;

☆经济效益显著提高;

☆简化了传统加工工艺。

受高生产率的驱使,高速化已是现代机床技术发展的重要方向之一。它主要表现在:

1)数控机床主轴高转速

作用:主轴高转速减少了切削力,也减少了切削深度,有利于克服机床振动,排屑率大大提高,热量被切屑带走,故传入零件中的热量减少,热变形大大减小,提高了加工精度,也改善了加工表面粗糙度。因此,经过高速加工的工件一般不需要精加工。

提高主轴转速的手段:采用电主轴(内装式主轴电动机),即主轴电动机的转子轴就是主轴部件,从而使主轴转速大大提高。

日本的超高速数控立式铣床的主轴最高转速达 100 000 r/min。

2)工作台高速移动和高进给速度

目前的最高水平是:当分辨率为 1 μm 时,最大快速进给速度可达 240 m/min;当程序段设定进给长度大于 1 mm 时,最大进给速度达 80 m/min。

2. 高精加工

高精加工是高速加工技术与数控机床的广泛应用结果。以前汽车零件的加工精度要求在 0.01 mm 数量级,现在随着高精度液压轴承等精密零件的增多,精整加工所需精度已提高到 0.1 μm,加工精度进入了亚微米世界。

提高数控设备加工精度的方法如下:

①提高机械设备的制造精度和装配精度。

②减小数控系统的控制误差。提高数控系统的分辨率,以微小程序段实现连续进给,使 CNC 控制单位精细化提高位置检测精度,位置伺服系统采用前馈控制与非线性控制。

③采用补偿技术,如齿隙补偿、丝杠螺距误差补偿、刀具误差补偿、热变形误差补偿及空间误差综合补偿等技术。

3. 复合化

以减少工序、辅助时间为主要目的的复合加工正朝着多轴、多系列控制功能方向发展。数控机床的工艺复合化是指工件在一台机床上一次装夹后,通过自动换刀、旋转主轴头或转台等各种措施,完成多工序、多表面的复合加工,以减少非加工时间。由于在零件加工过程中有大量的无用时间消耗在工件搬运、上下料、安装调整、换刀及主轴的升降速上,因此,具有复合功能的机床是近年来发展很快的机种,其核心是在一台机床上要完成车、铣、钻、镗、攻丝、铰孔及扩孔等多种操作工序。此外,数控切削加工方法与特种加工(如电加工、激光加工和超声加工等)方法或热加工(如焊接)方法的复合,也形成各种新的复合加工机。这些复合加工技术的机床已开始越来越多地在航空航天产品制造中得到应用。例如,数控车铣复合加工机床应用于导弹筒体、飞机弹射器滑座壳体和机翼连接件等加工,车焊一体化数控机床解决航空产品上的大型薄壁筒体的回转面切削加工与对焊,等等。

4. 智能化

智能化加工是一种基于知识处理理论和技术的加工方式。发展智能加工的目的是解决加工过程中众多不确定性的、要求人工干预才能解决的问题。计算机软硬件技术的发展和人工智能技术的发展促进了机床数控系统智能化的进程。

数控加工智能化趋势有以下两个方面:

①采用自适应控制技术,以提高加工质量和效率。把精细的程序控制和连续的适应调节结合起来,使系统的运行达到最优。其追求目标是:保护刀具和工件,适应材料的变化,改善尺寸控制,提高加工精度,保持稳定的质量,寻求最高的生产率和最低的成本消耗,简化零件程序的编制,以及降低对操作人员经验和熟练程度的要求等。

②在现代数控机床上装备多种监控和检测装置,对工件、刀具等进行监测,实时监视加工的全部过程,发现工件尺寸超差、刀具磨损或崩刀破损便立即报警,并给予补偿或调换刀具。在故障诊断中,除了采用专家系统外,还将模糊数学和神经网络应用其中,并取得良好的效果。

5. 高柔性化

柔性是指机床适应加工对象变化的能力。提高数控机床柔性化正朝着两个方向努力:一是提高数控机床的单机柔性化;二是向单元柔性化和系统柔性化发展。

机器人使柔性化组合效率更高,机器人与主机的柔性化组合使柔性更灵活,功能进一步扩展,加工效率更高。机器人与加工中心、车铣复合机床、磨床、齿轮加工机床、工具磨床、电加工机床、锯床、冲压机床及激光加工机床等组成多种形式的柔性生产线,并已开始应用。

6. 互联网络化

网络功能正逐渐成为现代数控机床、数控系统的特征之一。例如,现代数控机床的远程故障诊断、远程状态监控、远程加工信息共享、远程操作(危险环境的加工)及远程培训等都是以网络功能为基础的。

巩固与提高

1. 简述数控加工工艺过程的概念。
2. 简述数控加工工艺设计的主要内容。
3. 简述数控机床的发展趋势。

任务二　数控机床的分类

任务描述

通过相关知识的学习,理解数控机床的分类,能说出数控车床及数控铣床属于哪一种类型并有哪些特点。

能力目标

1. 能说出数控机床的类型;
2. 能阐述数控机床的特点。

相关知识

数控机床的品种很多,根据其加工、控制原理、功能及组成,可从以下 4 个不同的角度进行分类:

一、按数控加工工艺分类

1. 金属切削类数控机床

与传统的车、铣、钻、磨及齿轮加工相对应的数控机床有数控车床、数控铣床、数控钻床、数控磨床及数控齿轮加工机床等,其中部分如图 1-2-1 所示。尽管这些数控机床在加工工艺方法上存在很大差别,其具体的控制方式也各不相同,但机床的动作和运动都是数字化控制的,具有较高的生产率和自动化程度。

（a）数控车床　　　　　　　　　　　　　　（b）数控铣床

图 1-2-1　金属切削类数控机床

在普通数控机床上加装一个刀库和换刀装置就成为数控加工中心机床。加工中心机床进一步提高了普通数控机床的自动化程度和生产效率。例如,铣、镗、钻加工中心是在数控铣床基础上增加了一个容量较大的刀库和自动换刀装置而形成的,工件一次装夹后,可对箱体零件的 4 面甚至 5 面进行铣、镗、钻、扩、铰以及攻螺纹等多工序加工,特别适合箱体类零件的加工。加工中心机床可有效地避免因工件多次安装造成的定位误差,减少了机床的台数和占地面积,缩短了辅助时间,大大提高了生产效率和加工质量。

2. 特种加工类数控机床

除了切削加工数控机床以外,数控技术也大量用于数控电火花线切割机床、数控电火花成形机床、数控等离子弧切割机床、数控火焰切割机床及数控激光加工机床等,如图 1-2-2 所示。

3. 板材加工类数控机床

常见的应用于金属板材加工的数控机床有数控压力机和数控折弯机等,如图 1-2-3 所示。近年来,其他机械设备中也大量采用了数控技术,如数控多坐标测量机、自动绘图机和工业机器人等。

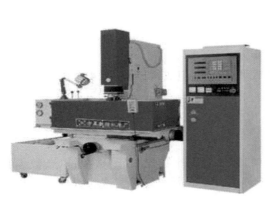

（a）数控火花机　　　　　　　　　　　（b）数控线切割

图 1-2-2　特种加工类数控机床

（a）数控压力机　　　　　　　　　　　（b）数控折弯机

图 1-2-3　板材加工类数控机床

二、按控制运动轨迹分类

1．点位控制数控机床

点位控制数控机床的特点是机床移动部件只能实现由一个位置到另一个位置的精确定位，在移动和定位过程中不进行任何加工，如图1-2-4所示。机床数控系统只控制行程终点的坐标值，不控制点与点之间的运动轨迹，因此，几个坐标轴之间的运动无任何联系。可以几个坐标同时向目标点运动，也可以各个坐标单独依次运动。

这类数控机床主要有数控坐标镗床、数控钻床、数控冲床及数控点焊机等。点位控制数控机床的数控装置，称为点位数控装置。

2．直线控制数控机床

直线控制数控机床可控制刀具或工作台以适当的进给速度，沿着平行于坐标轴的方向进行直线移动和切削加工，进给速度根据切削条件可在一定范围内变化，如图1-2-5所示。

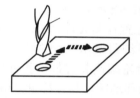 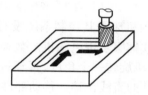

图1-2-4　点位控制　　　　图1-2-5　直线控制

直线控制的简易数控车床只有两个坐标轴，可加工阶梯轴。直线控制的数控铣床有3个坐标轴，可用于平面的铣削加工。现代组合机床采用数控进给伺服系统，驱动动力头带有多轴箱的轴向进给进行钻镗加工，它也可算是一种直线控制数控机床。

数控镗铣床和加工中心等机床的各个坐标方向的进给运动速度能在一定范围内进行调整，兼有点位和直线控制加工的功能，这类机床称为点位/直线控制的数控机床。

3．轮廓控制数控机床

轮廓控制数控机床能对两个或两个以上运动的位移及速度进行连续相关的控制，使合成的平面或空间的运动轨迹能满足零件轮廓的要求，如图1-2-6所示。它不仅能控制机床移动部件的起点与终点坐标，而且能控制整个加工轮廓每一点的速度和位移，将工件加工成要求的轮廓形状。

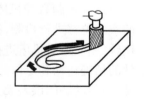

图1-2-6　轮廓控制

常用的数控车床、数控铣床和数控磨床就是典型的轮廓控制数控机床。数控火焰切割机、电火花加工机床和数控绘图机等也采用了轮廓控制系统。轮廓控制系统的结构要比点位/直线控制系统更为复杂，在加工过程中需要不断进行插补运算，然后进行相应的速度与位移控制。

目前，计算机数控装置的控制功能均由软件实现，增加轮廓控制功能不会带来成本的增加。因此，除少数专用控制系统外，现代计算机数控装置都具有轮廓控制功能。

三、按驱动装置的特点分类

1. 开环控制数控机床

如图 1-2-7 所示为开环控制数控机床的系统框图。

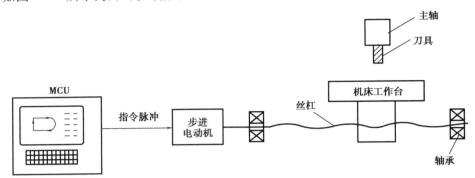

图 1-2-7　开环控制数控机床的系统框图

这类控制的数控机床是其控制系统没有位置检测元件,伺服驱动部件通常为反应式步进电动机或混合式伺服步进电动机。数控系统每发出一个进给指令,经驱动电路功率放大后,驱动步进电机旋转一个角度,再经过齿轮减速装置带动丝杠旋转,通过丝杠螺母机构转换为移动部件的直线位移。移动部件的移动速度与位移量是由输入脉冲的频率与脉冲数决定的。此类数控机床的信息流是单向的,即进给脉冲发出去后,实际移动值不再反馈回来,故称开环控制数控机床。

开环控制系统的数控机床结构简单,成本较低。但是,系统对移动部件的实际位移量不进行监测,也不能进行误差校正。因此,步进电动机的失步、步距角误差、齿轮与丝杠等传动误差都将影响被加工零件的精度。开环控制系统仅适用于加工精度要求不很高的中小型数控机床,特别是简易经济型数控机床。

2. 闭环控制数控机床

闭环控制数控机床是在机床移动部件上直接安装直线位移检测装置,直接对工作台的实际位移进行检测,将测量的实际位移值反馈到数控装置中,与输入的指令位移值进行比较,用差值对机床进行控制,使移动部件按照实际需要的位移量运动,最终实现移动部件的精确运动和定位。从理论上讲,闭环系统的运动精度主要取决于检测装置的检测精度,与传动链的误差无关,因此,其控制精度高。如图 1-2-8 所示为闭环控制数控机床的系统框图。其中,A 为速度传感器,C 为直线位移传感器。当位移指令值发送到位置比较电路时,若工作台没有移动,则没有反馈量,指令值使得伺服电动机转动,通过 A 将速度反馈信号送到速度控制电路,通过 C 将工作台实际位移量反馈回去,在位置比较电路中与位移指令值相比较,用比较后得到的差值进行位置控制,直至差值为零时为止。这类控制的数控机床,因把机床工作台纳入了控制环节,故称闭环控制数控机床。

闭环控制数控机床的定位精度高,但调试和维修都较困难,系统复杂,成本较高。

3. 半闭环控制数控机床

半闭环控制数控机床是在伺服电动机的轴或数控机床的传动丝杠上装有角位移电流

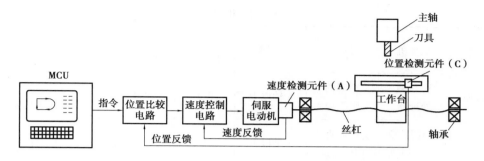

图 1-2-8　闭环控制数控机床的系统框图

检测装置(如光电编码器等),通过检测丝杠的转角间接地检测移动部件的实际位移,然后反馈到数控装置中,并对误差进行修正。如图 1-2-9 所示为半闭环控制数控机床的系统框图。其中,A 为速度传感器,B 为角度传感器。通过测速元件 A 和光电编码盘 B 可间接检测出伺服电动机的转速,从而推算出工作台的实际位移量,将此值与指令值进行比较,用差值来实现控制。因工作台没有包括在控制回路中,故称半闭环控制数控机床。

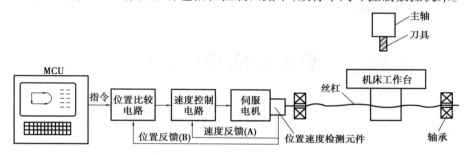

图 1-2-9　半闭环控制数控机床的系统框图

半闭环控制数控系统的调试较方便,并且具有很好的稳定性。目前,大多将角度检测装置和伺服电动机设计成一体,这样,可使结构更加紧凑。

4. 混合控制数控机床

将上述 3 类数控机床的特点结合起来,就形成了混合控制数控机床。混合控制数控机床特别适用于大型或重型数控机床,因为大型或重型数控机床需要较高的进给速度与相当高的精度,其传动链惯量与力矩大,如果只采用全闭环控制,机床传动链和工作台全部置于控制闭环中,闭环调试较复杂。混合控制系统又分为两种形式:开环补偿型和半闭环补偿型。

四、按功能水平分类

数控机床按所使用的数控系统的配置及功能分类,可分为高级型、普通型和经济型数控机床。对每一种数控机床的分类主要看其技术参数、功能指标和关键部件的功能水平。数控机床的分类见表 1-2-1。

表 1-2-1　数控机床的分类

类型	主控机	进给	联动轴	进给 分辨率/μm	进给速度 /（m/min）	自动化 程序
高级型	32 位微 处理器	交流伺 服驱动	5 轴以上	、 0.1	≥24	具有通信、联网、 监控管理功能
普通型	16 位或 32 位微处理器	交流或直流 伺服驱动	4 轴以下	1	≤24	具有人机对话接口
经济型	单板机、 单片机	步进电机	3 轴及以下	10	6 ~ 8	功能较简单

巩固与提高

数控机床可分为哪些类型？它们各有何特点？它们各适用于哪类零件的加工？

任务三　数控机床组成及加工原理

任务描述

通过相关知识的学习，分别写出各种数控机床的组成部分及各数控机床的工作原理。

能力目标

1. 能说出数控机床的基本组成；
2. 能阐述数控机床的基本工作原理。

相关知识

一、数控机床的基本组成

如图 1-3-1 所示，数控机床由程序编制及程序载体、输入装置、数控装置（CNC）、伺服驱动及位置检测、辅助控制装置、机床本体等部分组成。

1. 程序编制及程序载体

数控程序是数控机床自动加工零件的工作指令。在对加工零件进行工艺分析的基础上，确定零件坐标系在机床坐标系上的相对位置，即零件在机床上的安装位置，刀具与零件相对运动的尺寸参数，零件加工的工艺路线、切削加工的工艺参数，以及辅助装置的动作等。得到零件的所有运动、尺寸和工艺参数等加工信息后，用由文字、数字和符号组成的标准数控代码，按规定的方法和格式，编制零件加工的数控程序单。编制程序的工作可

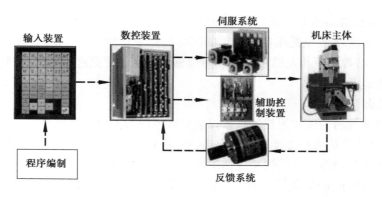

图 1-3-1　数控机床的组成

由人工进行；对形状复杂的零件，则要在专用的编程机或通用计算机上进行自动编程（APT）或 CAD/CAM 设计。

编好的数控程序存放在便于输入数控装置的一种存储载体上，如穿孔纸带、磁带和磁盘等，具体采用哪一种存储载体，则取决于数控装置的设计类型。

2. 输入装置

输入装置的作用是将程序载体（信息载体）上的数控代码传递并存入数控系统中。根据控制存储介质的不同，输入装置有光电阅读机、磁带机和软盘驱动器等。数控机床加工程序可通过键盘用手工方式直接输入数控系统，也可由编程计算机用 RS232C 或采用网络通信方式传送到数控系统中。

零件加工程序输入过程有两种不同的方式：一种是边读入边加工（数控系统内存较小时）；另一种是一次将零件加工程序全部读入数控装置内部的存储器，加工时再从内部存储器中逐段逐段地调出并进行加工。

3. 数控装置

数控装置是数控机床的核心。数控装置从内部存储器中取出或接收输入装置送来的一段或几段数控加工程序，经过数控装置的逻辑电路或系统软件进行编译、运算和逻辑处理后，输出各种控制信息和指令，控制机床各部分的工作，使其进行规定的有序运动和动作。

零件的轮廓图形由直线、圆弧或其他非圆弧曲线组成。刀具在加工过程中必须按零件形状和尺寸的要求进行运动，即按图形轨迹移动。但输入的零件加工程序只能是各线段轨迹的起点和终点坐标值等数据，不能满足要求，因此要进行轨迹插补，也就是在线段的起点和终点坐标值之间进行"数据点的密化"，求出一系列中间点的坐标值，并向相应坐标输出脉冲信号，控制各坐标轴（即进给运动的各执行元件）的进给速度、进给方向和进给位移量等。

4. 驱动装置和位置检测装置

驱动装置接收来自数控装置的指令信息，经功率放大后，严格按照指令信息的要求驱动机床移动部件，以加工出符合图样要求的零件。因此，它的伺服精度和动态响应性能是影响数控机床加工精度、表面质量和生产率的重要因素之一。驱动装置包括控制器（含功率放大器)和执行机构两大部分。目前,大多采用直流或交流伺服电动机作为执行机构。

位置检测装置将数控机床各坐标轴的实际位移量检测出来,经反馈系统输入机床的数控装置之后,数控装置将反馈回来的实际位移量值与设定值进行比较,控制驱动装置按照指令设定值运动。

5. 辅助控制装置

辅助控制装置的主要作用是接收数控装置输出的开关量指令信号,经过编译、逻辑判别和运动,再经功率放大后驱动相应的电器,带动机床的机械、液压、气动等辅助装置完成指令规定的开关量动作。这些控制包括主轴运动部件的变速、换向和启停指令,刀具的选择和交换指令,冷却、润滑装置的启动停止,工件和机床部件的松开、夹紧,以及分度工作台转位分度等开关辅助动作。

可编程逻辑控制器(PLC)具有响应快,性能可靠,易于使用、编程和修改程序,以及可直接启动机床开关等特点,现已广泛用作数控机床的辅助控制装置。

6. 机床本体

数控机床的机床本体与传统机床相似,由主轴传动装置、进给传动装置、床身、工作台、辅助运动装置、液压气动系统、润滑系统及冷却装置等组成。但数控机床在整体布局、外观造型、传动系统、刀具系统结构及操作机构等方面都已发生了很大的变化。这种变化的目的是满足数控机床的要求和充分发挥数控机床的特点。

二、数控机床的工作原理

①将编制好的加工程序通过操作面板上的键盘或输入机将数字信息输送给数控装置。

②数控装置将所接收的信号进行一系列处理后,再将处理结果以脉冲信号的形式进行分配:一是向进给伺服系统发出进给等执行命令;二是向可编程控制器发出 S,M,T 等指令信号。

③可编程控制器接到 S,M,T 等指令信号后,即控制机床主体立即执行这些指令,并将机床主体执行的情况实时反馈给数控装置。

④伺服系统接到进给执行命令后,立即驱动机床主体的各坐标轴(进给机构)严格按照指令要求准确进行位移,自动完成工件的加工。

⑤在各坐标轴位移过程中,检测反馈装置将位移的实测值迅速反馈给数控装置,以便与指令值进行比较,然后以极快的速度向伺服系统发出补偿执行指令,直到实测值与指令值吻合为止。

⑥在各坐标轴位移过程中,如发生"超程"现象,其限位装置即可向可编程控制器或直接向数控装置发出某些坐标轴超程的信号,数控系统则一方面通过显示器发出报警信号,另一方面向进给伺服系统发出停止执行命令,以实施超程保护。

综上所述,数控机床的工作原理可归纳为:数控装置内的计算机对通过输入装置以数字和字符编码方式所记录的信息进行一系列处理后,再通过伺服系统及可编程控制器向机床主轴及进给等执行机构发出指令,机床主体则按照这些指令,在检测反馈装置的配合下,对工件加工所需的各种动作,如刀具相对于工件的运动轨迹、位移量和进给速度等,并

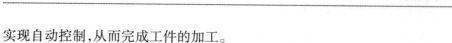

实现自动控制,从而完成工件的加工。

巩固与提高

数控机床主要由哪几部分组成? 各部分的基本功能是什么?

项目二

数控车削工艺编制

任务一　数控车削加工工艺分析

任务描述

完成轴类加工案例零件的数控车削加工,具体设计轴类的数控加工工艺。

1. 查阅数控加工工艺书和工艺手册,获取轴类零件数控加工工艺数据;
2. 识别数控车削加工术语。

能力目标

1. 能检索数控加工工艺及数控车削相关工艺资料、工艺手册,从中获取完成当前工作任务所需要的工艺知识及数据;
2. 能识别数控车削加工工艺领域内常用的术语。

相关知识

数控车削加工工艺设计步骤包括机床选择、零件图纸工艺分析、加工工艺路线设计、装夹方案及夹具选择、刀具选择、切削用量选择、填写数控加工工序卡及填写数控加工刀具卡等。

一、数控车削机床选择

数控车床的外形与普通车床相似,即由床身、主轴箱、刀架、进给系统液压系统、冷却及润滑系统等部分组成。数控车床的进给系统与普通车床有质的区别,传统普通车床有进给箱和交换齿轮架,而数控车床是直接用伺服电机通过滚珠丝杠驱动溜板和刀架实现进给运动,因而进给系统的结构大为简化。

1. 数控车床的分类

数控车床品种繁多、规格不一,可按以下方法进行分类:

1)按车床主轴位置分类

(1)卧式数控车床

卧式数控车床分为数控水平导轨卧式车床(见图2-1-1)和数控倾斜导轨卧式车床(见图2-1-2)。其倾斜导轨结构可使车床具有更大的刚性,并易于排除切屑。

图 2-1-1 水平导轨卧式车床　　　　　图 2-1-2 倾斜导轨卧式车床

(2)立式数控车床

立式数控车床简称数控立车,其车床主轴垂直于水平面,一个直径很大的圆形工作台用来装夹工件,如图2-1-3 所示。这类机床主要用于加工径向尺寸大、轴向尺寸相对较小的大型复杂零件。

2)按刀架数量分类

(1)单刀架数控车床

这类数控车床一般都配置有各种形式的单刀架,如四工位卧动转位刀架和多工位转塔式自动转位刀架,如图2-1-4 所示。

(2)双刀架数控车床

这类数控车床的双刀架配置为平行分布,也可以是相互垂直分布,如图2-1-5 所示。

图 2-1-3 立式数控车床

3)按功能分类

(1)经济型数控车床

如图 2-1-6 所示,经济型数控车床是采用步进电动机和单片机对普通车床的进给系统进行改造后形成的简易型数控车床。其成本较低,但自动化程度和功能都较差,车削加工精度不高,适用于要求不高的回转类零件的车削加工。

图 2-1-4　单刀架数控车床

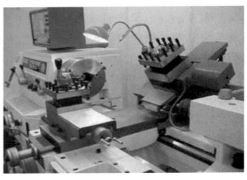

图 2-1-5　双刀架数控车床

图 2-1-6　经济型数控车床

图 2-1-7　普通数控车床

（2）普通数控车床

普通数控车床是根据车削加工要求在结构上进行专门设计并配备通用数控系统而形成的数控车床,如图 2-1-7 所示。其数控系统功能强,自动化程度和加工精度较高,适用于一般回转类零件的车削加工。这种数控车床可同时控制两个坐标轴,即 X 轴和 Z 轴。

（3）车削加工中心

车削加工中心是在普通数控车床的基础上,增加了 C 轴和动力头,如图 2-1-8 所示。更高级的数控车床带有刀库,可控制 X,Z 和 C 3 个坐标轴,联动控制轴可以是(X,Z),(X,C)或(Z,C)。由于增加了 C 轴和铣削动力头,因此,这种数控车床的加工功能大大增强,除可进行一般车削外,还可进行径向和轴向铣削、曲面铣削,以及中心线不在零件回转中心的孔和径向孔的钻削等加工。

图 2-1-8　车削加工中心

在数控车床加工精度满足零件图纸技术要求的前提下,选择数控车床最主要的技术规格是多个数控轴的行程范围,数控车床的两个基本直线坐标(X,Z)行程,以及最大回转直径、最大加工长度、最大车削直径综合反映该机床允许的加工空间。加工工件的轮廓尺寸应在机床的加工空间范围之内,同时要考虑机床主轴的允许承载能力,以及工件是否与机床交换刀具的空间干涉、与机床防护罩等附件发生干涉等问题。

2. 数控车床的用途及主要加工对象

1)数控车床的用途

数控车床可自动完成内外圆柱面、圆锥面、圆弧面、端面、螺纹等工序的切削加工,并能进行切槽、钻孔、镗孔、扩孔、铰孔等加工。此外,数控车床还特别适合加工形状复杂、精度要求较高的轴类或盘类零件。具体数控车床加工的典型表面如图 2-1-9 所示。

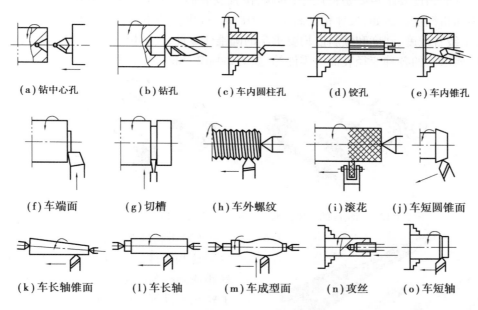

（a）钻中心孔　　（b）钻孔　　（c）车内圆柱孔　　（d）铰孔　　（e）车内锥孔

（f）车端面　　（g）切槽　　（h）车外螺纹　　（i）滚花　　（j）车短圆锥面

（k）车长轴锥面　　（l）车长轴　　（m）车成型面　　（n）攻丝　　（o）车短轴

图 2-1-9　数控车床加工的典型表面

2)数控车床的主要加工对象

数控车削是数控加工中用得较多的加工方法之一。由于数控车床具有加工精度高,能进行直线和圆弧插补,以及在加工过程中能自动变速等特点,因此,其工艺范围比普通车床广。与普通车床相比,适宜数控车床加工的零件主要有以下 6 类:

（1）轮廓形状特别复杂或难于控制尺寸的回转体零件

因车床数控装置都具有直线和圆弧插补功能,还有部分车床数控装置具有某些非圆曲线插补功能,故数控车床能车削由任意直线和平面曲线轮廓组成的形状复杂的回转体零件,如图 2-1-10 和图 2-1-11 所示。

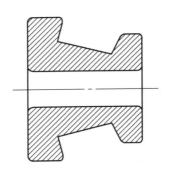

图 2-1-10　车削轴承内圈滚道示例

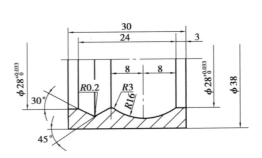

图 2-1-11　车削成形内腔零件示例

（2）精度要求高的回转体零件

零件的精度要求主要是指尺寸、形状、位置及表面等精度要求。其中，表面精度主要是指表面粗糙度。例如，尺寸精度高达 0.001 mm 或更小的零件；圆柱度要求高的圆柱体零件；素线直线度、圆度和倾斜度均要求高的圆锥体零件；通过恒线速度切削功能，加工表面精度要求高的各种变径表面类零件等，如图 2-1-12 和图 2-1-13 所示。

图 2-1-12　高精度的机床主轴

图 2-1-13　高速电机主轴

（3）带特殊螺纹的回转体零件

这些零件是指特大螺距、等螺距与变螺距或圆柱与圆锥螺纹面之间作平滑过渡的螺纹零件等。而传统车床所能切削的螺纹相当有限，它只能车等节距直、锥面的公、英制螺纹，而且一台车床只限定加工若干种节距而已。数控车床可加工如图 2-1-14 所示带特殊螺纹的非标丝杠。

（4）淬硬回转体零件

在大型模具加工中，有不少尺寸大而

图 2-1-14　非标丝杠

形状复杂的零件。这些零件热处理后的变形量较大，磨削加工有困难，因此，可用陶瓷车刀在数控车床上对淬硬后的零件进行车削加工，以车代磨，提高加工效率。

（5）表面粗糙度要求高的回转体零件

数控车床具有恒线速切削功能，能加工出表面粗糙度值小而均匀的零件。切削速度变化，致使车削后的表面粗糙度不一致，使用数控车床的恒线速切削功能，就可选用最佳线速度来切削锥面、球面和端面等,使切削后的表面粗糙度值既小又一致。

（6）超精密、超低表面粗糙度的零件

磁盘、录像机磁头、激光打印机的多面反射体、复印机的回转鼓、照相机等光学设备的透镜及其模具,以及隐形眼镜等要求超高的轮廓精度和超低表面粗糙度值的零件,适合在高精度、高性能的数控车上加工。数控车床超精加工的轮廓精度可达到 0.1 μm,表面粗糙度可达 $Ra0.02$ μm,超精加工所用数控系统的最小分辨率应达到 0.01 μm。

如图 2-1-15 所示为数控车削加工的常见零件。

图 2-1-15　数控车削加工的常见零件

3）选择并确定数控车削的加工内容

①通用车床无法加工的内容应作为首先选择的内容。

a. 由轮廓曲线构成的回转表面。

b. 具有微小尺寸要求的结构表面。

c. 同一表面采用多种设计要求的结构。

d. 表面之间有严格几何关系要求的表面。

②通用车床难加工、质量难以保证的内容应作为重点选择内容。

a. 表面之间有严格位置精度要求,但在通用车床上无法一次安装加工的表面。

b. 表面粗糙度要求很严的锥面、曲面、端面等。

③通用车床加工效率低、工人手工操作劳动强度大的内容,可在数控机床尚存在富余能力的基础上进行选择。

小贴士

下列一些加工内容则不宜选择采用数控加工:

a. 需要通过较长时间占机调整的加工内容。

b. 不能在一次安装中加工完成的其他零星分散部位。

此外,在选择和决定加工内容时,也要考虑生产批量、现场生产条件、生产周期等情况,并灵活处理。

二、零件图纸工艺分析

数控车削零件图纸工艺分析包括分析零件图纸技术要求、检查零件图的完整性与正确性及零件的结构工艺性分析。

1. 分析零件图纸技术要求

分析车削零件图纸技术要求时,主要考虑以下 5 个方面:

①各加工表面的尺寸精度要求。

②各加工表面的几何形状精度要求。

③各加工表面之间的相互位置精度要求。

④各加工表面的粗糙度要求以及表面质量方面的其他要求。

⑤热处理要求及其他要求。

首先,要根据零件在产品中的功能,研究分析零件与部件或产品的关系,从而认识零件的加工质量对整个产品加工质量的影响,并确定零件的关键加工部位和精度要求较高的加工表面等,认真分析上述各精度和技术要求是否合理;其次,要考虑在数控车上加工能否保证零件的各项精度和技术要求,进而具体考虑在哪一种机床上加工最为合理。

2. 检查零件图的完整性与正确性

由于数控加工程序是以准确的坐标点来编制的,因此,各图形几何要素间的相互关系(如相切、相交、垂直及平行等)应明确;各种几何要素的条件要充分,应无引起矛盾的多余尺寸或影响工序安排的封闭尺寸;尺寸、公差和技术要求是否标注齐全等。例如,在实际加工中常常会遇到图纸中缺少尺寸,给出的几何要素的相互关系不够明确,使编程计算无法完成,或者虽然给出了几何要素的相互关系,但同时又给出了引起矛盾的相关尺寸,同样给数控编程计算带来困难。另外,要特别注意零件图纸各方向尺寸是否有统一的设计基准,以便简化编程,保证零件的加工精度要求,如图 2-1-16 和图 2-1-17 所示。

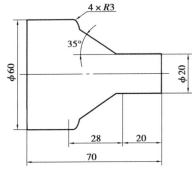

图 2-1-16　几何要素缺陷示例一

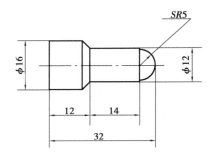

图 2-1-17　几何要素缺陷示例二

3. 零件的结构工艺性分析

零件的结构工艺性是指所设计的零件在满足使用要求的前提下制造的可行性和经济性。良好的结构工艺性可使零件加工容易,节省工时和材料;较差的零件结构工艺性会使加工困难,浪费工时和材料,有时甚至无法加工。因此,零件各加工部位的结构工艺性应符合数控加工的特点。

分析零件的结构工艺性包括以下5个方面：

1）零件结构工艺性分析

零件结构工艺性是指在满足使用要求的前提下零件加工的可行性与经济性，即所设计的零件结构应便于加工成形，并且成本低、效率高。

2）零件图纸上的尺寸标注应方便编程

对数控加工而言，最倾向于以同一基准标注尺寸或直接给出坐标尺寸，这就是坐标标注法。

3）分析加工时零件结构的合理性

零件结构的合理性对提高加工效率、降低生产成本尤其重要。

4）零件加工精度及技术要求分析

对被加工零件的加工精度及技术要求进行分析是零件工艺性分析的重要内容，只有在分析零件加工精度和表面粗糙度的基础上，才能对加工方法、装夹方式、进给加工路线、刀具及切削用量等进行正确而合理的选择。

5）数控车削加工余量的确定

加工余量是指加工过程中所切去的金属层厚度。

三、拟订数控车削加工工艺路线

拟订数控车削加工工艺路线主要内容包括选择各加工表面的加工方法、划分加工阶段、划分加工工序、确定加工顺序以及确定工步顺序和进给加工路线等。

1. 选择加工方法

选择数控车削加工方法时，应重点考虑的方面包括：能保证零件的加工精度和表面粗糙度要求；使走刀路线最短，既可简化编程程序段，又可减少刀具空行程时间，提高加工效率；使编程节点数值计算简单、程序数量少，以减少编程工作量。一般根据零件的加工精度、表面粗糙度、材料、结构形状、尺寸及生产类型确定零件表面的数控车削加工方法及加工方案。

1）数控车削外回转表面加工方法的选择

回转体类零件外回转表面的加工方法主要是车削和磨削。当零件表面粗糙度要求较高时，还要经光整加工。

2）数控车削内回转表面加工方法的选择

回转体类零件内回转表面的加工方法主要是车削和磨削。当零件表面粗糙度要求较高时，还要经光整加工。

3）数控车削内回转体端面加工方法的选择

回转体端面的加工方法主要是车削和磨削。当采用车削且回转体端面的粗糙度要求较高时，应采用恒线速切削。数控车削回转体零件端面可保证端面与回转体回转轴线的垂直度要求。

2. 划分加工阶段

1）粗加工阶段

主要任务是切除各加工表面上的大部分余量，并作出精基准。其目的是提高生产率。

2）半精加工阶段

其任务是减小粗加工留下的误差，使主要加工表面达到一定的精度，并留有一定的精加工余量，为主要表面的精加工（精车或磨削）做好准备。

3）精加工阶段

保证各主要表面达到图纸规定的尺寸精度和表面粗糙度要求。其主要目标是如何保证加工质量。

4）精密、超精密加工、光整加工阶段

对那些加工精度要求很高的零件，在加工工艺过程的最后阶段安排细车、精密车、超精磨、抛光或其他特种加工方法加工，以达到零件最终的精度要求。

划分加工阶段的目的如下：

① 保证加工质量。使粗加工产生的误差和变形，通过半精加工和精加工予以纠正，并逐步提高零件的加工精度和表面质量。

② 合理使用设备。避免精机粗用，充分发挥机床的性能，延长使用寿命。

③ 便于安排热处理工序，使冷热加工工序配合得更好，热处理变形可通过精加工予以消除。

④有利于及早发现毛坯的缺陷。粗加工时发现毛坯缺陷，及时予以报废，以免继续加工造成资源浪费。

3. 划分加工工序

1）数控车削加工工序的划分

数控车削加工工序的划分可采用两种不同原则，即工序集中原则和工序分散原则。工序集中原则是指每道工序包括尽可能多的加工内容，从而使工序的总数减少；工序分散原则是指将加工分散在较多的工序内进行，每道工序的加工内容很少。

①以一次安装所进行的加工作为一道工序。

②以一个完整数控程序连续加工的内容作为一道工序。

③以工件上的结构内容组合用一把刀具加工为一道工序。

④以粗、精加工中完成的那一部分工艺过程为一道工序。

2）回转体类零件非数控车削加工工序的安排

回转体类零件所有加工工序并非全部采用数控车削完成，如齿形、键槽、热处理喷丸、滚压抛光工序等，应视其加工的经济性和合理性，安排相应的非数控车削加工工序。具体安排如下：

①零件上有不适合数控车削加工的表面，如渐开线齿形、键槽、花键表面等，必须安排相应的非数控车削加工工序。

②零件表面硬度及精度要求很高，热处理需安排在数控车削加工之后。热处理之后一般安排磨削加工。

③零件要求特殊，不能用数控车削加工完成全部加工要求，则必须安排其他非数控车削加工工序，如喷丸、滚压加工和抛光等。

④零件上有些表面根据工厂条件采用非数控车削加工更合理，这时可适当安排这些

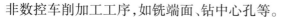

非数控车削加工工序,如铣端面、钻中心孔等。

3)数控加工工序与普通加工工序的衔接

数控加工工序前后一般穿插有其他普通加工工序,如果衔接得不好就容易产生矛盾,最好的办法是相互建立状态要求。例如,要不要留加工余量,留多少;定位面的尺寸精度要求及形位公差;对校形工序的技术要求;对毛坯的热处理状态要求,等等。其目的是达到相互能够满足加工需求,质量目标及技术要求明确,交接验收有依据。

4.确定加工顺序(工序顺序安排)

制订零件数控车削加工工序顺序一般遵循下列原则:

①先加工定位面,即上道工序的加工能为后面的工序提供精基准和合适的夹紧表面。

②先加工平面,后加工孔;先加工简单的几何形状,再加工复杂的几何形状。

③对精度要求高、粗精加工需分开进行的,先粗加工后精加工。

④以相同定位、夹紧方式安装的工序,最好接连进行,以减少重复定位次数和夹紧次数。

⑤中间穿插有通用机床加工工序的要综合考虑,合理安排其加工顺序。

5.确定工步顺序和进给加工路线

1)工步顺序安排的原则

①先粗后精原则。

②先近后远原则。

③先内后外、内外交叉原则。

④保证工件加工刚度原则。

⑤同一把刀能加工内容连续加工原则。

2)数控车削加工常见工步内容的安排

①车削台阶轴时,为了保证车削时的刚性,一般应先车直径较大的部分,后车直径较小的部分。

②在轴类工件上切槽时,应在精车之前进行,以防止工件变形。

③精车带螺纹的轴时,一般应在螺纹加工之后再精车无螺纹部分。

④钻孔前,应将工件端面车平。必要时,应先钻中心孔。

⑤钻深孔时,一般先钻导向孔。

⑥车削 $\phi10$ mm ~ $\phi20$ mm 的孔时,刀杆的直径应为被加工孔的 0.6 ~ 0.7 倍;加工直径大于 $\phi20$ mm 的孔时,一般应采用装夹刀头的刀杆。

⑦当工件的有关表面有位置公差要求时,尽量在一次装夹中完成车削。

⑧车削圆柱齿轮齿坯时,孔与基准端面必须在一次装夹中加工。

3)进给加工路线的确定

(1)进给加工路线

进给加工路线是指数控机床加工过程中刀具相对工件的运动轨迹和方向,也称走刀路线。它泛指刀具从对刀点(或机床参考点)开始运动,直至返回该点并结束加工程序所经过的路径,包括切削加工的路径及刀具切入、切出等非切削空行程。它不但包括了工步的内容,也反映出了工步顺序。

确定进给加工路线的主要原则如下:

①首先按已定工步顺序确定各表面加工进给路线的顺序。

②所定进给加工路线应能保证工件轮廓表面加工后的精度和表面粗糙度要求。

③寻求最短加工路线,减少行走时间以提高加工效率。

④选择工件在加工时变形小的路线,对细长零件或薄壁零件应采用分几次走刀加工到最后尺寸或对称去余量法安排进给加工路线。

确定进给加工路线的工作重点主要是确定粗加工及空行程的进给路线,因为精加工切削的进给加工路线基本上沿零件轮廓顺序进行。

(2)粗加工进给加工路线的确定

①常用的粗加工进给加工路线有"矩形"循环进给路线、"三角形"循环进给路线、沿轮廓形状等距循环进给路线、阶梯切削进给路线及双向联动切削进给路线。

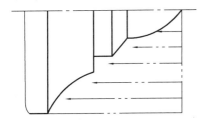 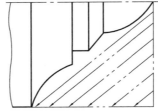 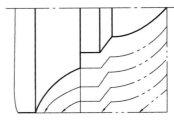

(a)"矩形"循环进给路线　(b)"三角形"循环进给路线　(c)沿轮廓形状等距循环进给路线

图 2-1-18　常用的粗车循环进给加工路线示例

②最短的粗加工切削进给路线。切削进给路线为最短,可有效地提高生产效率,降低刀具的损耗等。图 2-1-18 中常用的粗车循环进给加工路线示例所示的 3 种不同切削进给路线,经分析和判断后可知,"矩形"循环进给路线的进给长度总和最短。因此,在同等条件下,其切削所需时间(不含空行程)最短,刀具的损耗最少,为常用粗加工切削进给线;但其也有缺点,粗加工后的精车余量不够均匀,一般需安排半精加工。

(3)精加工进给加工路线的确定

①完工轮廓的连续切削进给路线。

②换刀加工时的进给路线。

③切入、切出及接刀点位置的选择。

④各部位精度要求不一致的精加工进给路线。

(4)最短的空行程进给加工路线的确定

在保证加工质量的前提下,使加工程序具有最短的进给路线,不仅可节省整个加工过程的执行时间,还能减少机床进给机械滑动部件的磨损等。最短加工路线的方法有巧用起刀点、巧设换(转)刀点和合理安排"回零"路线。

(5)特殊的进给路线

在数控车削中,还有一种特殊情况值得注意。一般情况下,Z 坐标轴方向的进给运动

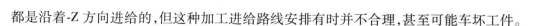

都是沿着-Z方向进给的,但这种加工进给路线安排有时并不合理,甚至可能车坏工件。

四、找正装夹方案及夹具选择

1. 找正装夹方案

1) 数控车削零件的装夹定位及定位基准选择原则

（1）工件装夹定位要求

由于数控车削编程和对刀的特点,因此,工件径向定位后必须保证工件坐标系 Z 轴与机床主轴轴线同轴(即工件坐标系 Z 轴只能为加工表面的轴线),同时还要保证加工表面径向的工序基准(设计基准)与机床主轴回转中心线的位置满足工序(或设计)要求。若工序要求加工表面轴线与工序基准表面轴线同轴,这时工件坐标系 Z 轴与工序基准表面轴线同轴,可采用三爪自定心卡盘以工序基准为定位基准自动定心装夹,或采用两顶尖(工序基准为工件两中心孔定位装夹);若工序要求加工表面轴线与工序基准表面轴线有偏心,则采用偏心卡盘、偏心顶尖或专用夹具装夹,偏心卡盘、偏心顶尖或专用夹具的中心(为定位基准)到主轴回转中心线的距离要满足加工表面中心线与工序基准(与定位基准重合)的偏心距离要求。工件轴向定位后要保证加工表面轴向的工序基准(或设计基准)与工件坐标系 X 轴的位置要求。批量加工时,若采用三爪自定心卡盘装夹,工件轴向定位基准可选工件的左端面或左侧其他台肩面以方便定位;若采用两顶针装夹,为保证定位准确,工件两中心孔倒角可加工成准确的圆弧形倒角,这时顶针与中心孔圆弧形倒角接触为条环线,轴向定位非常准确,适合数控加工精确性要求。若单件加工,不需轴向定位,可用对刀的方法建立工件坐标系。采用夹具定位的目的就是一次对刀加工一批工件,用于批量加工,单件加工一般不涉及夹具定位问题。

（2）定位基准(指精基准)的选择原则

①基准重合原则

为避免基准不重合误差,方便编程,应选用工序基准(设计基准)作为定位基准,并使工序基准、定位基准、编程原点都统一,这是最优先考虑的方案。因为当加工面的工序基准与定位基准不重合且加工面与工序基准不在一次安装中同时加工出来时,会产生基准不重合误差。

②基准统一原则

在多工序或多次安装中,选用相同的定位基准对数控加工保证零件的位置精度非常重要。

③便于装夹原则

所选用的定位基准应能保证定位准确、可靠,定位、夹紧机构简单,敞开性好,操作方便,能加工尽可能多的内容。

④便于对刀原则

批量加工时,在工件坐标系已确定的情况下,采用不同的定位基准为对刀基准建立工件坐标系时,会影响对刀的方便性,有时甚至无法对刀,这时就需要分析此种定位方案是否能满足对刀操作的要求,否则原设工件坐标系需要重新设定。

2）数控车削零件的装夹找正

把工件从定位到夹紧的整个过程，称为工件的装夹。数控车床进行工件的装夹时，一般必须将工件表面的回转中心轴线（即工件坐标系 Z 轴）找正到与数控车床的主轴中心线重合。

（1）工件常用装夹方式

①在三爪自定心卡盘上装夹

三爪自定心卡盘的 3 个卡爪是同步运动的，能自动定心，一般不需找正。但在装夹时，一般需有轴向支承面，否则所需夹紧力可能会过大而夹伤工件。三爪自定心卡盘装夹工件方便、省时，自动定心好，但夹紧力相对较小，因此适用于装夹外形规则的中小型工件。三爪自定心卡盘可装成正爪或反爪两种形式。反爪用来装夹直径较大的工件。当较大的空心零件需车削外圆时，可使 3 个卡爪作离心运动，撑住工件内孔车削外圆。用三爪自定心卡盘装夹精加工过的表面时，被夹住的工件表面应包一层铜皮，以免夹伤工件表面。

用三爪自定心卡盘装夹工件进行粗车或精车时，若工件直径小于或等于 30 mm，其悬伸长度应不大于直径的 3 倍；若工件直径大于 30 mm，其悬伸长度应不大于直径的 5 倍。

数控车床多采用三爪自定心卡盘夹持工件，轴类工件还可使用尾座顶尖支持工件。数控车床主轴转速较高，为便于工件夹紧，多采用液压高速动力卡盘。这种卡盘在生产厂已通过了严格的动静平衡检验，具有高转速（极限转速可达 8 000 r/min 以上）、高夹紧力（最大推拉力为 2 000 ~ 8 000 N）、高精度、调爪方便、通孔、使用寿命长等优点。通过调整油缸的压力还可改变卡盘的夹紧力，以满足夹持各种薄壁和易变形工件的特殊需要。同时，还可使用软爪夹持工件，软爪弧面由操作者随机配制，可获得理想的夹持精度。为减少细长轴加工时的受力变形，提高加工精度以及加工带孔轴类工件的内孔时，可采用液压自动定心中心架，其定心精度可达0.03 mm。

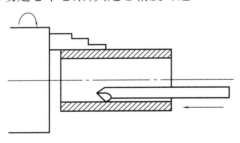

用三爪自定心卡盘直接装夹工件加工示例如图 2-1-19 所示。

②在两顶尖之间顶两头装夹

对长度尺寸较大或加工工序较多的轴类零件，为保证每次装夹时的装夹精度，可用两顶尖装夹。两顶尖装夹工件方便，不需找正，装夹精度高，但必须先在工件两端面钻出中心孔，工件利用中心孔顶在前后顶尖之间，并通过拨盘和卡箍随主轴一起转动，如图2-1-20所示。

图 2-1-19　三爪自定心卡盘直接装夹工件加工示例

用两顶尖装夹工件时，须注意以下事项：

a. 车削前要调整尾座顶尖轴线，使前后顶尖的连线与车床主轴轴线同轴，否则车削出的工件会产生锥度误差或双曲线误差。

b. 尾座套筒在不影响车刀切削的前提下，应尽量伸得短些，以增加刚性，减少振动。

c.应选择正确类型的中心孔,形状正确,表面粗糙度值小。对精度一般的轴类零件,中心孔不需要重复使用时,可选用 A 型中心孔;对精度要求较高,工序较多,需多次使用中心孔的轴类零件,应选用 B 型中心孔,B 型中心孔比 A 型中心多一个 120°的保护锥,用于保护 60°锥面不致碰伤;对需要在轴向固定其他零件

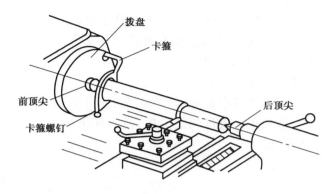

图 2-1-20　在两顶尖之间顶两头装夹加工工件示例

的工件,可选用带内螺纹的 C 型中心孔;轴向精确定位时,可选用 R 型中心孔,即中心孔的 60°锥加工成准确的圆弧形,并以该圆弧与顶尖锥面的切线为轴向定位基准定位。

d.两顶尖与中心孔的配合应松紧合适,在加工过程中要注意调整顶尖的顶紧力。

e.因靠卡箍传递扭矩,故车削工件的切削用量要小。

③用卡盘和顶尖一夹一顶装夹

用两顶尖装夹工件虽然精度高,但刚性较差。因此,车削质量较大的工件时要一端用卡盘夹住,另一端用后顶尖支承。为了防止工件由于切削力的作用而产生轴向位移,必须在卡盘内装限位支承(注:限位支承比夹持工件直径稍小,通常采用圆盘料或隔套)或利用工件的台阶面限位,如图 2-1-21 所示。这种装夹方法因较安全,能承受较大的轴向切削力且安装刚性好,轴向定位准确,故应用比较广泛。

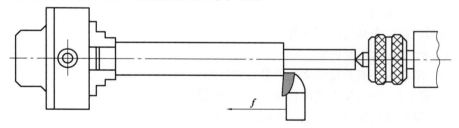

图 2-1-21　用工件的台阶面限位装夹加工工件示例

(2)单件采用找正方式装夹

单件生产的工件偏心安装时,通常采用找正装夹。用三爪自定心卡盘装夹较长的工件时,工件离卡盘夹持部分较远处的旋转中心不一定与车床主轴旋转中心重合,这时必须找正;当三爪自定心卡盘使用时间较长、失去了应有精度而工件的加工精度要求又较高时,也需要找正。用四爪单动卡盘装夹加工工件时,因 4 个卡爪各自独立运动不能自动定心,故装夹加工工件时必须找正。找正装夹法一般用于加工大型或形状不规则的工件,但因找正较费时,故只能用于单件小批量生产。

①找正及校正要求

对件装夹表面轴线与加工表面轴线同轴的,找正装夹时必须将工件的装夹表面轴线找正及校正到与车床主轴回转中心线重合。以保证装夹表面轴线与加工表面轴线(同时

也是工件坐标系 Z 轴）重合。对工件装夹表面轴线与加工表面轴线不同轴的,要使工件的装夹表面轴线（即加工表面径向的工序基准或设计基准）与车床主轴回转中心线的位置满足工序（或设计）要求。

②找正及校正方法

找正方法与普通车床上找正及校正工件相同,一般用划针或打表找正,精度高的工件用百分表校正。通过调整卡爪,使工件坐标系 Z 轴与车床主轴的回转中心重合,如图2-1-22所示。

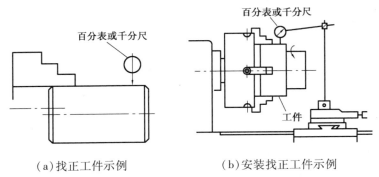

（a）找正工件示例　　　　　　（b）安装找正工件示例

图 2-1-22　找正工件示例

2. 夹具选择

数控车削加工回转体轴类零件的常用夹具分为圆周定位夹具、中心孔定位夹具和其他数控车床夹具。

1）圆周定位夹具

常用圆周定位夹具有以下 3 种:

(1)手动三爪自定心卡盘

手动三爪自定心卡盘是较常用的数控车床通用夹具（见图2-1-23）,能自动定心,夹持范围大,一般不需找正,装夹速度较快,但夹紧力较小,卡盘磨损后会降低定心精度。用三爪自定心卡盘装夹精加工过的工件表面时,被夹住的工件表面应包一层铜皮,以免夹伤工件表面。手动爪自定心卡盘分为中空三爪自定心卡盘和中实三爪自定心卡盘两种。

卡爪有硬爪、软爪、正爪及反爪。

①硬爪

硬爪是卡爪经过热处理淬火,一般卡爪硬度达 45~50HRC。

②软爪

软爪是卡爪未经热处理淬火或只经过调质处理（用户自制软爪一般未经过热处理,专业厂家生产的软爪一般只经过调质处理）,卡爪硬度一般为 28~30HRC。

③正爪

正爪用于夹工件外径,如图2-1-23所示的卡爪安装状态就是正爪安装。

④反爪

反爪是将卡爪掉转180°安装,如图2-1-23所示的卡爪掉转180°安装就成反爪了。

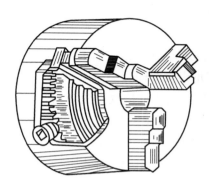

图 2-1-23 手动三爪自定心卡盘   图 2-1-24 液压三爪卡盘示例

（2）液压动力卡盘（液压三爪卡盘）

为提高生产效率和减轻劳动强度，数控车床广泛采用液压动力卡盘，常称液压三爪卡盘，如图 2-1-24 所示。数控车床配液压三爪卡盘的工作原理如图 2-1-25 所示。当数控装置发出夹紧和松开指令时，直接由电磁阀控制压力油进入回转油缸缸体的左腔或右腔，使活塞向左或向右移动，并由拉杆通过主轴通孔拉动液压三爪卡盘上的滑动体 6，滑动体又

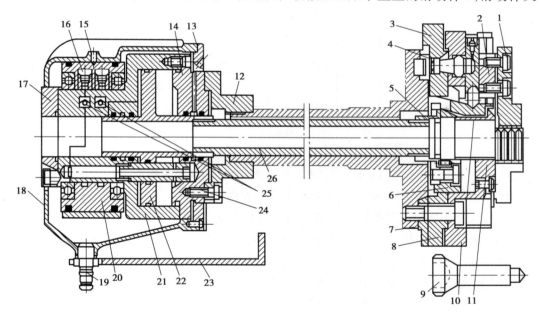

图 2-1-25 数控车床配液压三爪卡盘的工作原理

1—卡爪；2—T 形块；3—平衡块；4—杠杆；5—联接螺栓；6—滑动体；
7—法兰盘；8—盘体；9—扳手；10—卡爪滑座；11—防护罩；
12—法兰盘；13—前盖；14—油缸盖；15—紧定螺钉；16—压力管接头；
17—后盖；18—器壳；19—漏油管接头；20—导油管；21—油缸；22—活塞；
23—旋转固定支架；24—导向杆；25—安全阀；26—中空拉杆

与 3 个可在盘体上 T 形槽内作径向移动的卡爪滑座 10 以斜楔连接。这样,主轴尾部回转油缸缸工体内活塞的左右移动就转变为卡爪滑座的径向移动,再由装在滑座上的卡爪将工件夹紧和松开。又因 3 个卡爪滑座径向移动是同步的,故装夹时能实现自动定心。液压三爪卡盘有中空液压三爪卡盘和中实液压三爪卡盘两种。

液压三爪卡盘装夹迅速、方便,但夹持范围小(只能夹持直径变动约 5 mm 的工件),尺寸变化大的需要重新调整卡爪位置。

液压三爪卡盘自定心精度虽比普通三爪卡盘好一些,但仍不适用于零件同轴度要求较高的二次装夹加工,也不适用于批量生产零件时按上道工序的已加工面装夹加工同轴度要较高的零件。因此,单件生产时,可用找正法装夹加工,批量生产时常采用软爪。软爪是一种具有切削性能的夹爪,它是在使用前配合被加工工件特别制造的,如加工成圆弧面、锥面或螺纹等形式,可获得理想的夹持精度。在数控车床上装刀根据加工工件外圆大小车内圆弧软爪示例如图 2-1-26 所示。

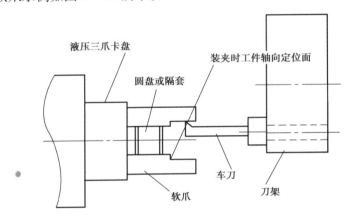

图 2-1-26　数控车床自行车加工内圆弧软爪示例

数控车床自车加工软爪时,要注意以下 4 个方面:

①软爪要在与使用时相同的夹紧状态下进行车削,以免在加工过程中松动和因卡爪反向间隙而引起定心误差。车削软爪内定心表面时,要在靠卡盘处夹适当的圆盘料,以消除卡盘端面螺纹的间隙,如图 2-1-26 所示。

②当被加工工件以外圆定位时,软爪夹持直径应比工件外圆直径略小,如图 2-1-27 所示。其目的是增加软爪与工件的接触面积。

③软爪内径大工件外径时,会使软爪与工件形成 3 点接触,如图 2-1-28 所示。此种情况下夹紧不牢固,且极易在工件表面留下压痕,应尽量避免。

④当软爪内径过小时(见图 2-1-29),会形成软爪与工件的 6 点接触,这样不仅会在被加工表面留下压痕,而且软爪接触面也会变形。这种情况在实际使用中应尽量避免。

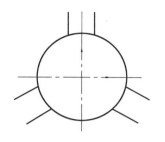

图 2-1-27 理想软爪内径

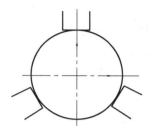

图 2-1-28 软爪内径过大

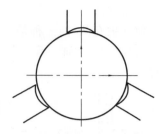

图 2-1-29 软爪内径过小

（3）弹簧夹套

弹簧夹套定心精度高，装夹工件快捷方便，常用于精加工过的外圆表面定位装夹。它特别适用于尺寸精度较高、表面质量较好的冷拔圆棒料的夹持。弹簧夹套所夹持工件的内孔为规定的标准系列，并非任意直径的工件都可以进行夹持。如图 2-1-30（a）所示为拉式弹簧夹套，如图 2-1-30（b）所示为推式弹簧夹套。如图 2-1-31 所示为常见的弹簧夹套加工示例。

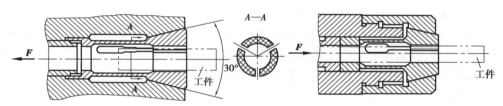

（a）拉式弹簧夹套　　　　　　　　　　（b）推式弹簧夹套

图 2-1-30 弹簧夹套

图 2-1-31 常见的弹簧夹套加工示例

2）中心孔定位夹具

常用中心孔定位夹具有以下两种：

（1）两顶尖拨盘

数控车床加工轴类零件时，坯料装卡在主轴顶尖和尾座顶尖之间，工件由主轴上的拨盘带动旋转。两顶尖装夹工件方便，不需找正，装夹精度高。该装夹方式适用于长度尺寸较大或加工工序较多的轴类零件的精加工。顶尖分为前顶尖和后顶尖。前顶尖如图 2-1-32（a）所示，后顶尖如图 2-1-32（b）所示。

① 前顶尖

前顶尖有两种:一种是插入主轴锥孔内的,另一种是夹在卡盘上的,如图2-1-32(a)所示。前顶尖与主轴一起旋转,与主轴中心孔不产生摩擦,都用死顶尖,如图2-1-33(a)所示。

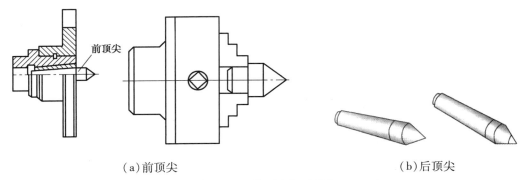

（a）前顶尖　　　　　　　　　　（b）后顶尖

图2-1-32　前顶尖与后顶尖

②后顶尖

后顶尖也有两种:一种是固定的(死顶尖),另一种是回转的(活顶尖)。死顶尖刚性大,定心精度高,但工件中心孔易磨损。活顶尖内部装有滚动轴承,适于高速切削时使用,但定心精度不如死顶尖高。后顶尖一般插入数控车床的尾座套筒内。死顶尖与活顶尖如图2-1-33所示。

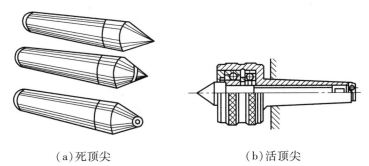

（a）死顶尖　　　　　　　　（b）活顶尖

图2-1-33　死顶尖与活顶尖

利用两项尖定位还可加工偏心工件,如图2-1-34所示。

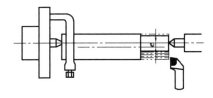

图2-1-34　两顶尖车偏心轴

（2）拨动顶尖

常用的拨动顶尖有内外拨动顶尖和端面顶尖两种。这种顶尖的锥面带齿,能嵌入工件,拨动工件旋转。

　　3)其他数控车床夹具

　　数控车床除了使用通用三爪自定心卡盘、四爪卡盘、顶尖,以及在大批量生产中使用便于自动控制的液压、电动及气动卡盘、顶尖外,还有其他类型的夹具,它们主要分为两大类,即用于轴类零件的夹具和用于盘类零件的夹具。

　　(1)用于轴类零件的夹具

　　当加工特殊形状的轴类零件(如异形杠杆等)时,坯件可装夹在随车床主轴一同旋转的专用车床夹具上。如图 2-1-35 所示为加工实心轴所用的拨齿顶尖夹具。其特点是粗车时可传递足够大的转矩,以适应主轴高速旋转的车削要求。

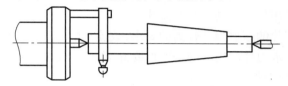

图 2-1-35　实心轴加工所用的拨齿顶尖夹具

　　(2)用于盘类零件的夹具

　　这类夹具适用于在无尾座的卡盘式数控车床上加工盘类零件,主要有可调卡爪式卡盘和快速可调卡盘等。

　　4)夹具选择原则

　　数控车削夹具的选择原则如下:

　　①单件小批量生产时,一般选用手动三爪自定心卡盘或液压三爪卡盘。

　　②成批生产时,优先选用液压三爪卡盘,其次才考虑选用普通三爪自定心卡盘。

　　③车削长径比(L/D)小于 5 的回转体类零件,应根据工件直径大小和加工精度要求,考虑是否用尾架顶尖加以顶紧;$5 < L/D < 20$ 的回转体类零件,必须用尾架顶尖加以顶紧;$L/D \geqslant 20$ 的细长轴区转体类零件,应根据工件直径大小和加工精度要求,考虑再配以中心架或跟刀架辅助夹持进行加工,以免影响加工精度。

　　④车削薄壁套类零件时,考虑采用包容式软爪、弹簧夹套或心轴和弹簧心轴,以增大装夹接触面积,防止工件夹紧变形,以免影响加工精度;或改变夹紧力的作用点,采用轴向夹紧方式。

　　⑤车削偏心回转体类零件时,一般选用四爪卡盘、花盘、角铁或专用夹具,也可选用三爪自定心卡盘,但须加装其他辅具。

　　⑥车削工件直径大于 $\phi 500$ mm 的回转体类零件时,一般选用花盘进行装夹。

　　⑦零件的装卸要快速、方便、可靠,以缩短机床的停机时间,减少辅助时间。

　　⑧为满足数控车削加工精度,要求夹具定位准确、定位精度高。

　　⑨夹具上各零部件应不妨碍机床对零件各表面的加工,即夹具要敞开,其定位、夹紧元件不能影响加工中的走刀(如产生干涉碰撞等)。

　　五、刀具选择

　　数控加工相对于普通机械加工来说,对加工刀具提出了更高的要求,不仅要求精度高、刚性好、装夹调整方便,而且要求切削性能好、耐用度高。因此,选择数控切削刀具是编制拟订数控加工工艺的重要内容。刀具选择合理与否不仅影响数控车床的加工效率,而且还直接影响加工质量。

1. 数控车削刀具的要求、种类及特点

1)数控车削刀具的要求

①为满足数控车床粗车适应大吃刀量和大进给量的要求,要求粗车刀具比普通车刀强度更高、耐用度更好。

②因精车首先是保证加工精度,故要求刀具的精度高、耐用度好。

③为减少换刀时间和方便对刀,应尽可能多地采用机夹刀。

④机夹刀一般采用带涂层硬质合金刀片。

⑤数控车削对刀片的断屑槽有较高的要求,数控车削刀片应采用三维断屑槽。

⑥数控车削还要求刀片耐用度的一致性要好,以便于使用刀具寿命管理功能。

2)数控车削刀具的种类

常用数控车削刀具根据刀具的结构、材料和切削工艺进行分类。

(1)按刀具结构分类,

按刀具结构分类,可分为以下4类:

①整体式刀具

整体式刀具由整块材料磨制而成。使用时,可根据不同用途将切削部分修磨成所需要的形状,如高速钢磨制的白钢刀。

②镶嵌式刀具

镶嵌式刀具可分为焊接式和机夹式。机夹式又根据刀体结构不同,分为不转位和可转位两种。

③减振式刀具

减振式刀具是当刀具的工作长度与直径比大于4时,为减少刀具的振动和提高加工精度所采用的一种特殊结构的刀具,如减振式数控内孔车刀。

④内冷式刀具

内冷式刀具是刀具的切削冷却液通过刀盘传递到刀体内部,再由喷孔喷射到切削刃部位的刀具。

目前,数控车削刀具主要采用机夹可转位刀具。

(2)按刀具制造所用材料分类

按刀具制造所用材料分类,可分为高速钢刀具、硬质合金刀具、陶瓷刀具、立方氮化硼刀具及聚晶金刚石刀具。

目前,数控车削用得最普遍的是硬质合金刀具。

(3)按刀具切削工艺分类

按刀具切削工艺分类,可分为外圆车刀、端面车刀、内孔车刀、切断与切槽车刀、螺纹车刀。

数控车削常用的刀具如图2-1-36所示。

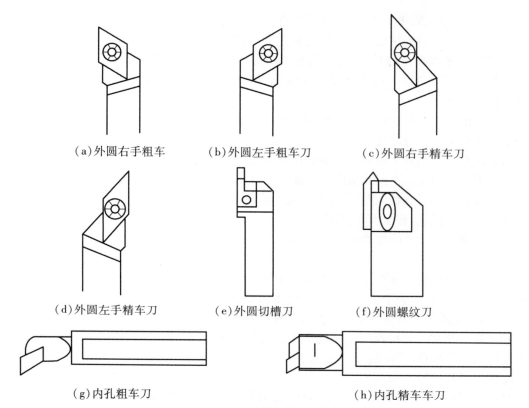

（a）外圆右手粗车　　　　（b）外圆左手粗车刀　　　　（c）外圆右手精车刀

（d）外圆左手精车刀　　　　（e）外圆切槽刀　　　　（f）外圆螺纹刀

（g）内孔粗车刀　　　　　　　　　　　（h）内孔精车车刀

图 2-1-36　数控车削常用刀具

常用车刀的种类、形状和加工表面如图 2-1-37 所示。

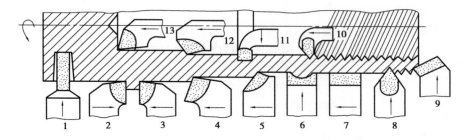

图 2-1-37　车刀的种类、形状和用途

1—切断片；2—90°左偏刀；3—90°右偏刀；4—弯头车刀；5—直头车刀；
6—成形车刀；7—宽刃精车刀；8—外螺纹车刀；9—端面车刀；
10—内螺纹车刀；11—内精车刀；12—通孔车刀；13—盲孔车刀

3）数控车削刀具的特点

数控车床有加工精度高、加工效率高、加工工序集中及零件装夹次数少等要求，只有达到这些要求，才能使数控车床真正发挥作用。因此，数控车削刀具具有以下特点：

①刀具具有很高的切削效率。随着现代机床制造技术的发展，数控车床朝着高速、高刚度和大功率方向发展。因此，要求数控车削刀具必须具有能够承受高速切削和强力切

削的性能,刀具切削效率的提高,将使产能直接提高并明显降低生产成本。

②数控车削刀具的精度和重复定位精度高。随着现代机械制造技术的发展,零部件的制造精度越来越高,数控加工对象朝着个性化、多品种、少批量及高精度方向发展。这就对数控车削刀具的精度、刚度和重复定位精度提出了更高的要求,刀具必须具备较高的形状和位置精度。

③刀具的可靠性和耐用度高。数控加工为了保证产品质量,对刀具实行强迫换刀制或由数控系统对刀具寿命进行管理,因此,刀具工作的可靠性已上升为选择刀具的关键指标。为满足数控车削加工及对难切削加工材料的加工要求,所用刀具材料应具有高的切削性能和刀具耐用度。不但其切削性能要好,而且一定要性能稳定,同批刀具在切削性能和刀具寿命方面不得有较大差异,以免在无人看管的情况下,因刀具先期磨损和破损造成加工零件的大量报废,甚至损坏机床。

④可实现刀具尺寸的预调和快速换刀。刀具结构应能预调尺寸,并可人工快速换刀或实现自动换刀。

⑤具有一个比较完善的工具系统和刀具管理系统。模块化工具系统能更好地适应多品种零件的生产,且有利于工具的生产、使用和管理,能有效地减少使用中的工具储备。配备完善的、先进的工具系统是用好数控机床的重要一环。

⑥应有刀具在线监控及尺寸补偿系统,以便刀具损坏时能及时判断、识别并补偿,防止工件出现废品和意外事故。

2. 数控刀具材料

对于数控加工来说,数控机床的一次性投资是较高的,而这些先进设备的效率能否发挥出来,很大程度上取决于刀具材料及其性能的好坏。刀具材料及性能的好坏对提高加工效率起着决定性的作用。

1)切削用刀具材料应具备的性能

切削用刀具材料应具备的性能见表2-1-1。

表 2-1-1　切削用刀具材料应具备的性能

希望具备的性能	作为刀具使用时的性能	希望具备的性能	作为刀具使用时的性能
高硬度 (常温与高温状态)	耐磨损性	化学稳定性良好	耐氧化性,耐扩散性
高韧性(抗弯强度)	耐崩刀性,耐破损性	低亲和性	耐溶着性、耐凝着(黏刀)性
高耐热性	耐塑性变形	磨削成形性能良好	刀具制造的高生产率,重磨性
热传导能力良好	耐热冲击性,耐热裂纹性	锋刃性良好	刀口锋利,表面质量好

2)各种刀具材料

目前,所采用的刀具材料,可分为高速钢、硬质合金、陶瓷、立方氮化硼(CBN)及聚晶金刚石(PCD)5大类。

（1）高速钢

高速钢是在合金工具钢中加入较多的钨、铝、铬、钒等合金元素的高合金工具钢，大体上可分为 W 系和 Mo 系两大类。它的淬火温度极高（1 200 ℃）而淬透性极好，可使刀具整体的硬度一致，在 600 ℃仍能保持较高的硬度，较之其他工具钢耐磨性好且比硬质合金韧性高，但压延性较差，热加工困难，耐热冲击较弱，具有较高的强度和韧性，是目前广泛应用的刀具材料。因刃磨时易获得锋利的刃口，故高速钢又称"锋钢"。高速钢可分为普通高速钢和高性能高速钢。

①普通高速钢

普通高速钢具有一定的硬度和耐磨性及较高的强度和韧性，切削速度（加工钢料）一般不高于 50～60 m/min，适用于制造车刀、钻头、铰刀及铣刀等刀具，不适合高速切削和硬材料切削。典型的普通高速钢有 W18Cr4V，W6Mo5Cr4V2。

②高性能高速钢

高性能高速钢耐高温性好，其耐用度是普通高速钢的 1.5～3 倍，适用于加工奥氏体不锈钢、高温合金、钛合金及超高强度钢等难加工材料。不同牌号只有在各自规定的切削条件下，才能达到良好的加工效果，因此，其使用范围受到限制。典型的高性能高速钢有 9W18Cr4V，9W6Mo5Cr4V2，W6Mo5Cr4V3。

（2）硬质合金

硬质合金是由硬度和熔点都很高的碳化物（钨钴类（WC）、钨钛钴类（WC-TiC）、钨钛钽（铌）钴类（WC-TiC-TaC）等）用钴 Co、钼 Mo、镍 Ni 作黏结剂烧结而成的粉末冶金制品。其常温硬度可达 78～82 HRC，能耐 850～1 000 ℃的高温，切削速度比高速钢高 4～10 倍，但其冲击韧性与抗弯强度远比高速钢差，故很少做成整体式刀具。在实际使用中，常用硬质合金刀片焊接或用机械夹固的方式固定在刀体上。

按 ISO 标准，硬质合金主要以硬质合金的硬度、抗弯强度等指标为依据，硬质合金刀片材料分为 K 类、P 类、M 类。

①K 类。对应于国家标准 YG 类，K 类即钨钴类硬质合金，由碳化钨和钴组成。这类硬质合金韧性较好，但硬度和耐磨性较差，适用于加工铸铁、青铜等脆性材料。我国常用的 K 类硬质合金牌号有 YG8，YG6，YG3，它们制造的刀具依次适用于粗加工、半精加工和精加工。其中的数字表示 Co 含量的百分数，如 YG6 即含 Co6%。含 Co 越多，则韧性越好。

②P 类。对应于国家标准 YT 类，P 类即钨钴钛类硬质合金，由碳化钨、碳化钛和钴组成。这类硬质合金的耐热性和耐磨性较好，但抗冲击韧性较差，适用于加工钢件等韧性材料。我国常用的 P 类硬质合金牌号有 YT5，YT15，YT30。其中的数字表示碳化钛含量的百分数。碳化钛的含量越高，则耐磨性越好，韧性越低。这 3 种牌号的硬质合金制造的刀具分别适用于粗加工、半精加工和精加工。

③M 类。对应于国家标准 YW 类，M 类即钨钴钛钽铌类硬质合金，是在钨钴钛类硬质合金中加入少量的稀有金属碳化物（TaC 或 NbC）组成的。它具有前两类硬质合金的优点，用其制造的刀具既能加工脆性材料，又能加工韧性材料，同时还能加工高温合金、耐热

合金和合金铸铁等难加工的材料。我国常用的 M 类硬质合金牌号有 YW1 和 YW2。

在硬质合金材料上涂覆涂层做成的刀片就是涂层硬质合金刀片。这种材料是在韧性、强度较好的硬质合金基体上或高速钢基体上,采用化学气相沉积(Chemical Vapor Deposition, CVD)法或物理气相沉积(Physical Vapor Deposition, PVD)法涂覆一层极薄的、硬度和耐磨性极高的难熔金属化合物而得到的刀具材料。通过这种方法,使刀具既具有基体材料的强度和韧性,又具有很高的耐磨性。常用的涂层材料有 TiC,TiN,TiCN,Al_2O_3 等。TiC 的韧性和耐磨性较好,TiN 的抗氧化、抗黏结性较好,Al_2O_3 的耐热性较好。使用时,可根据不同的需要选择涂层材料。

涂层刀具的使用范围相当广泛,非金属、铝合金、铸铁、钢、高强度钢、高硬度钢、耐热合金、钛合金等难加工材料的切削均可使用。

目前,最先进的涂层技术也称 ZX 技术,是利用纳米技术和薄膜涂层技术,使每层膜厚为 1 nm 的 TiN 和 AlN 超薄膜交互重叠约 2 000 层累积而成,这是继 TiC,TiN,TiCN 后的第四代涂层。它的特点是远比以往的涂层硬,接近 CBN 的硬度,寿命是般涂层的 3 倍,大幅度提高了耐磨性,是较有发展前途的刀具材料。

目前,涂层刀具的常用涂层有以下 7 种。

①TiC 涂层。TiC 涂层呈银白色,硬度高(3 200 HV)、耐磨性好且有牢固的黏着性,涂层厚度为 5 ~ 7 μm。

②TiN 涂层。TiN 涂层呈金黄色,硬度为 2 300 HV,有很强的抗氧化能力和很小的摩擦因数,抗磨损性能比 TiC 涂层强,涂层厚度为 8 ~ 12 μm。

③TiCN 涂层。TiCN 涂层呈蓝灰色,硬度为 3 000 HV,为高韧性通用涂层。

④TiAlN 涂层。TiAlN 涂层呈紫黑色,硬度为 3 200 HV,可用于干切削以及加工难加工材料和硬材料。

⑤AlTiN 涂层。AlTiN 涂层呈黑色,硬度为 3 400 HV,比 TiAlN 有更好的切削性能。

⑥TiN 和 TiC 复合涂层。里层为 TiC 涂层,外层为 TiN 涂层,从而使其兼有 TiC 的高硬度、高耐磨性和 TiN 的不黏刀等特点,复合涂层的性能优于单层。

⑦Al_2O_3 涂层。Al_2O_3 涂层硬度为 3 000 HV,耐磨性好、耐热性高、化学稳定性好,摩擦因数小,适用于高速切削。

一般来说,在相同的切削速度下,涂层高速钢刀具的耐磨损性能比未涂层的高 2 ~ 10 倍:涂层硬质合金刀具的耐磨损性能比未涂层的高 1 ~ 3 倍。因此,一片涂层刀片可代替几片未涂层刀片使用。

硬质合金刀片如图 2-1-38 所示,硬质合金涂层刀片如图 2-1-39 所示。

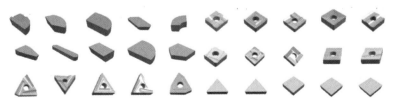

图 2-1-38　硬质合金刀片

图 2-1-39　硬质合金涂层刀片

（3）陶瓷

陶瓷的主要成分是 Al_2O_3。陶瓷刀具基本上由两大类组成：一类为纯氧化铝类（白色陶瓷），另一类为 TiC 添加类（黑色陶瓷）。陶瓷刀片硬度可达 78 HRC 以上，能耐1 200 ~ 1 450 ℃的高温，化学稳定性很好，所以能承受较高的切削速度。其主要特点是高硬度、高温强度好、化学性能稳定，与被加工材料的亲和性低，故不易产生黏刀和积屑瘤现象，加工表面非常光洁、平整。但陶瓷刀具的抗弯强度低，抗冲击韧性差，脆性大，易崩刃。陶瓷刀具适用于加工耐热合金等难加工材料，刀具耐用度比传统刀具高几倍甚至几十倍，减少

图 2-1-40　金属陶瓷刀片

了加工中的换刀次数，可进行高速切削或实现"以车、铣代磨"，切削效率比传统刀具高3 ~ 10 倍。金属陶瓷刀片如图 2-1-40 所示。

（4）立方氮化硼（CBN）

立方氮化硼是靠超高压、高温技术人工合成的超硬刀具材料，其硬度可达 4 500 HV以上，仅次于金刚石。其主要特点是热稳定性好，硬度高，与铁族元素亲和力小，但脆性大、韧性差，特别适用于加工超高硬度的材料。目前，主要用于加工淬火钢、冷硬铸铁、高温合金以及一些难加工的材料。

（5）聚晶金刚石（PCD）

聚晶金刚石硬度极高，可达 10 000 HV（硬质合金仅为 1 300 ~ 1 800 HV）。聚晶金刚石刀具的耐磨性是硬质合金的80 ~ 120 倍，但韧性差，对铁族材料亲和力大，因此一般不宜加工黑色金属。它主要用于硬质合金、玻璃纤维塑料、硬橡胶、石墨、陶瓷、有色金属等材料的高速精加工。

上述 5 大类刀具材料从总体上分析，材料的硬度、耐磨性，金刚石最高，依次降低为高速钢；材料的韧性则是高速钢最高，金刚石最低。如图 2-1-41 所示为目前实用的各种刀具材料根据硬度和韧性排列的大致位置。涂层刀具材料具有较好的实用性能，也是将来能使硬度和韧性并存的手段之一。在数控机床中，应用最广泛的是硬质合金类，因为硬质合金材料从经济性、适应性、多样性、工艺性等各方面，综合效果都优于陶瓷、立方氮化硼

和聚晶金刚石。

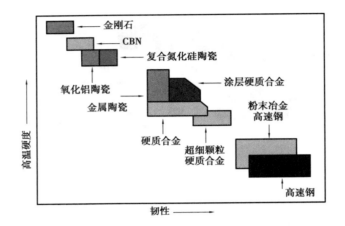

图 2-1-41　切削用刀具材料的硬度与韧性关系图

3. 数控刀具的失效形式及影响刀具耐用度的因素

1）数控刀具的主要失效形式及对策

在切削过程中，刀具磨损到一定的程度，切削刃崩刃或破损、切削刃卷刃（塑性变形）时，刀具丧失其切削能力或无法保证加工质量，称为刀具失效。刀具破损的主要形式及产生的原因和对策如下：

（1）后刀面磨损

由机械应力引起的、出现在后刀面上的摩擦磨损，称为后刀面磨损，如图 2-1-42 所示刀具的磨损形式中的后面磨损。

产生的原因：因刀具材料过软，刀具的后角偏小，加工过程中切削速度太高，进给量太小，造成后刀面磨损过量，故使加工表面尺寸精度降低，增大了摩擦力。

对策：应选择耐磨性高的刀具材料，同时降低切削速度，提高进给量，增大刀具后角。

（2）主切削刃的边界磨损

主切削刃上的边界磨损常见于与工件的接触面处。

产生的原因：工件表面硬化、锯齿状切屑造成的摩擦。影响切屑的流向并导致崩刀，如图 2-1-42 所示刀具的磨损形式中的边界磨损（主切削刃）。

对策：降低切削速度和进给速度，同时选择附磨刀具材料，增大前角使切削刃锋利。

（3）前刀面磨损（月牙洼磨损）

前刀面齐报（月牙注磨损）是在前刀面上由摩擦和扩散导致的磨损，如图 2-1-42 所示刀具的磨损形式中的月牙注磨损。前刀面磨损会使刀具产生变形，干扰排屑，降低切削刃强度。

产生的原因：切屑与工件材料的接触以及对发热区域的扩散引起。另外，刀具材料过软，加工过程中切削速度太高，进给量太大，也是前刀面磨损产生的原因。

对策：降低切削速度和进给速度，同时选择涂层硬质合金材料刀具。

（4）塑性变形

塑性变形是切削刃在高温或高应力作用下产生的变形。它将影响切屑的形成质量，有时也会导致崩刀。

产生的原因：切削速度、进给速度太高，以及工件材料中的硬质点的作用。刀具材料太软和切削刃温度很高等现象引起。

对策：降低切削速度和进给速度，选择耐磨性高和导热系数大的刀具材料。

（5）积屑瘤

积屑瘤是工件材料在刀具上的黏附物质，如图 2-1-43 所示。它会降低加工表面质量，并改变切削速变切削刃形状，最终导致崩刀。

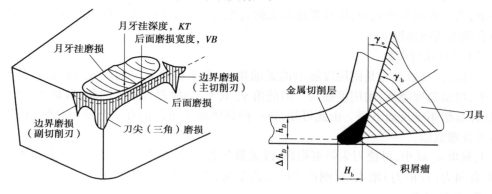

图 2-1-42　刀具的磨损　　　　图 2-1-43　积屑瘤

产生的原因：在中速或较低切削速度范围内，切削一般钢件或其他塑性金属材料，而又能形成带状切屑时，紧靠切削刃的前刀面上黏结一硬度很高的楔状金属块，它包围着切削刃且覆盖部分前刀面，这种楔状金属块称为积屑瘤。

对策：提高切削速度，选择涂层硬质合金或金属陶瓷等与工件材料亲和力小的刀具材料，并使用切削液。

（6）刃口剥落

刃口剥落是指切削刃上出现一些很小的缺口，而非均匀的磨损。

产生的原因：因断续切削，切屑排除不流畅而造成。

对策：在开始加工时，降低进给速度，选择韧性好的刀具材料和切削刃强度高的刀片。

（7）崩刀

刀尖、切削刃整块崩掉，崩刀将损坏刀具和工件。

产生的原因：因刃口的过度磨损，较高的应力或刀具材料过硬，切削刃强度不够，以及进给量太大而造成。

对策：选择韧性好的刀具材料，加工时减小进给量和切削深度，另外选用高强度或刀尖圆角较大的刀片。

（8）热裂纹

产生的原因：因断续切削时温度变化产生的垂直于切削刃的裂纹。热裂纹可降低工件表面质量，并导致刃口剥落。

对策:选择韧性好的刀具材料,同时减小进给量和切削深度,并使用切削液。

2)影响刀具耐用度的因素

所谓刀具耐用度,是指从刀具刃磨后开始切削,一直到磨损量达到磨钝标准为止所经过的总切削时间,用符号"T"表示,单位为 min。耐用度为切削时间,不包括对刀、测量、快进、回程等非切削时间。影响刀具耐用度的因素有切削用量、刀具几何参数、刀具材料及工件材料。

(1)切削用量

切削用量是影响刀具耐用度的一个重要因素。切削速度 v_c、进给量 f、背吃刀量 a_p 增大,刀具耐用度 T 减小,且 v_c 影响最大,f 次之,a_p 最小。因此,在保证一定刀具耐用度的条件下,为了提高生产效率,应首先选取大的背吃刀量 a_p,然后选择较大的进给量 f,最后选择合理的切削速度 v_c。

(2)刀具几何参数

刀具几何参数对刀具耐用度影响的是前角 γ_o 和主偏角 κ_r。前角 γ_o 增大,可使切削力减小,切削温度降低,耐用度提高。但前角 γ_o 太大,会使刀具强度削弱,散热差,且易于破损,刀具耐用度反而下降。由此可知,每一种具体加工条件都有一个使刀具耐用度"T"最高的合理数值。

主偏角 κ_r 减小,可使刀尖强度提高,改善散热条件,提高刀具耐用度。但主偏角 κ_r 过小,则背向力(径向力)增大,对刚性差的工艺系统,切削时易引起振动。

(3)刀具材料

刀具材料的高温强度越高,耐磨性越好,刀具耐用度越高。但在有冲击切削、强力切削和难加工材料切削时,影响刀具耐用度的主要原因是冲击韧性和抗弯强度。冲击韧性越好,抗弯强度越高,刀具耐用度越高,越不容易产生破损。

(4)工件材料

工件材料的强度、硬度越高,切削产生的温度越高,刀具耐用度越低。此外,工件材料的塑性、韧性越高,导热性越低,切削温度越低,刀具耐用度越低。

合理选择刀具耐用度,可提高生产效率和降低加工成本。若刀具耐用度定得过高,就要选取较小的切削用量,从而降低生产效率,提高加工成本;反之,若耐用度定得过低,虽然可采取较大的切削用量,但因刀具磨损快,换刀磨刀时间增加,刀具费用增大,同样会使生产效率降低和成本提高。

4.数控可转位车削刀具及刀片

目前,数控机床主要采用镶嵌式机夹转位刀片的刀具。

1)数控可转位车削刀具

(1)数控可转位车削刀具的特点

数控车床所采用的转位车刀,其几何参数是通过刀片结构形状和刀体上刀片槽座的方位安装组合形成的。

数控可转位刀具具体要求和特点见表 2-1-2。

表 2-1-2　数控可转位车削刀具的特点

要　求	特　点	目　的
精度高	采用 M 级或更高精度等级的刀片;多采用精密级的刀杆;用带微调装置的刀杆在机外预调好	保证刀片重复定位精度,方便坐标设定,保证刀尖位置精度
可靠性高	采用断屑可靠性高的断屑槽型或有断屑台和断屑器的车刀;采用结构可靠的车刀,采用复合式紧结构和夹紧可靠的其他结构	断屑稳定,不能有絮乱和带状切屑;适应刀架快速移动和换位以及整个自动切削过程中夹紧不得有松动的要求
换刀迅速	采用车削工具系统:采用快换小刀夹	迅速更换不同形式的切削部件,完成多种切削加工,提高生产效率
刀片材料	刀片较多采用涂层刀片	满足生产节拍要求,提高加工效率
刀杆截形	刀杆较多采用正方形刀杆,但因刀架系统结构差异大,有的需要采用专用刀杆	刀杆与刀架系统匹配

（2）可转位车刀的种类

可转位车刀按其用途可分为外圆车刀、仿形车刀、端面车刀、内孔车刀、切槽车刀、切断车刀及螺纹车刀等。可转位车刀的种类、常用主偏角和适用机床见表 2-1-3。

表 2-1-3　可转位车刀的种类、常用主偏角和适用机床

种　类	常用主偏角	适用机床
外圆车刀	90°,50°,60°,75°,45°	普通车床和数控车床
仿形车刀	93°,107.5°	普通车床和数控车床
端面车刀	90°,45°,75°	普通车床和数控车床
内圆车刀	45°,60°,75°,90°,91°,93°,95°,107.5°	普通车床和数控车床
切断车刀	无	普通车床和数控车床
螺纹车刀	无	普通车床和数控车床
切槽车刀	无	普通车床和数控车床

常见机夹数控可转位车刀如图 2-1-44—图 2-1-46 所示。

（a）端面车刀　　　　　　（b）外圆车刀　　　　　　（c）内圆车刀

（d）螺纹车刀　　　　　　（e）切槽刀

图 2-1-44　常见机夹数控可转位车刀

图 2-1-45　常见机夹数控可转位外圆车刀、内圆车刀、切槽刀及螺纹车刀

图 2-1-46　常见各种机夹数控可转位外圆车刀及刀片

（3）数控可转位车刀的结构形式

可转位车刀由刀片、定位元件、夹紧元件及刀体组成。常见可转位车刀刀片的夹紧方式有杠杆式、楔块式、楔块上压式及螺钉上压式。杠杆式、楔块式、楔块上压式刀片的夹紧方式如图 2-1-47 所示。

①杠杆式依靠螺钉旋紧压靠杠杆，由杠杆的力压紧刀片达到夹紧的目的。

②楔块式依靠销与楔块的压下力将刀片夹紧。

③楔块上压式依靠销与楔块的压下力将刀片夹紧。

④螺钉上压式依靠螺钉与销的压下力将刀片夹紧。

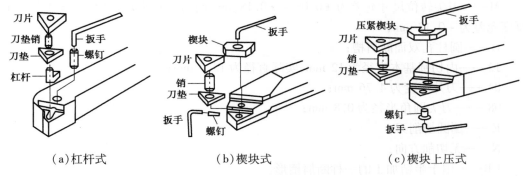

（a）杠杆式　　　　　　　（b）楔块式　　　　　　　（c）楔块上压式

图 2-1-47　可转位车刀刀片的夹紧方式

2）数控机夹可转位刀片

（1）可转位刀片代码

选用机夹可转位刀片,首先要了解可转位刀片型号表示的规则、各代码的含义。按国家标准规定,有圆孔可转位刀片（GB/T 2078—2007）、无孔可转位的刀片（GB/T 2079—2015）、沉孔可转位刀片（GB/T 2080—2007）等可转位刀片型号表示。按国际标准 ISO 1832—2012,可转位刀片的代码表示方法由 10 位字符串组成。其排列为

其中,每一位字符串均代表刀片某种参数的意义。具体含义如下:

1——刀片的几何形状及其夹角;

2——刀片主切削刃后角（法后角）;

3——公差,表示刀片内切圆直径 d 与厚度 s 的精度级别;

4——刀片形式、紧固方式或断屑槽;

5——刀片边长、切削刃长;

6——刀片厚度;

7——修光刀,刀尖圆角半径 r 或主偏角 κ_r,或修光刃后角 α_n;

8——切削刃状态,尖角切削刃或倒棱切削刃等;

9——进刀方向或倒刃宽度;

10——各刀具公司的补充符号或倒刃角度。

一般情况下,第 8 位和第 9 位的代码在有要求时才填写,第 10 位代码因厂商而异,无论哪一种型号的刀片必须标注前 7 位代号。此外,各刀具厂商可以另外添加一些符号,用连接号将其与 ISO 代码相连接（如 PF 代表断屑槽型）。可转位刀片用于车、铣、钻、镗等不同的加工方式,其代码的具体内容也略有不同。本书主要以车刀可转位刀片为例进行介绍。

例如,车刀可转位刀片 CNMG 120408E-NUB 公制型号表示的含义如下:

C——80°菱形刀片形状;

N——法后角为0°;

M——刀尖转位尺寸允差为 ±0.08 ~ ±0.18 mm,内切圆允差为 ±0.05 ~ ±0.13 mm,厚度允差为 +0.13 mm;

G——圆柱孔双面断屑槽;

12——内切圆基本直径为 12 mm,实际直径为 12.7 mm;

04——刀片厚度为 4.76 mm;

08 ——刀尖圆角半径为 0.8 mm;

E——倒圆切削刃;

N——无切削方向;

UB——用于半精加工的一种断屑槽形。

常见可转位数控车刀如图 2-1-48 所示。

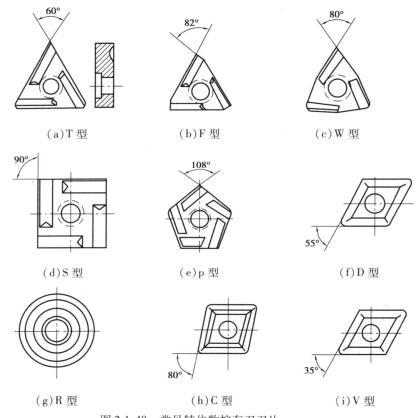

图 2-1-48　常见转位数控车刀刀片

(2)数控车削可转位刀片的选择

数控车削可转位刀片的选择依据是被加工零件的材料、表面粗糙度和加工余量等。

①刀片材料的选择

车刀刀片材料主要有高速钢、硬质合金、涂层硬质合金、陶瓷、CBN 及 PCD。应用最多的是硬质合金刀片和涂层硬质合金刀片。选择刀片材料主要依据被加工工件的材料、被加工表面的精度要求、切削载荷的大小及加工中有无冲击和振动等情况。

②刀片尺寸的选择

刀片尺寸的大小取决于必要的有效切削刃长度 L。有效切削刃长度 L 与背吃刀量 a_p 和主偏角 κ_r 有关,如图 2-1-49 所示。使用时,可查阅相关手册;或按刀具公司的刀具样本选取。

③刀片形状选择

刀片形状主要依据被加工工件的表面形状、切削方法、刀具寿命及刀片的转位次数等因素。可转位刀片形状按国家标准 GB/T 2076—2007 规定为 17 种,与 ISO 标准相同。边数多的刀片,刀尖角大、耐冲击,可利用的切削刃多,刀具寿命长,但其切削刃短,工艺适应性差。同时,刀尖角大的刀片,车削时的背向力大,容易引起振动。通常刀尖角度与加工性能的关系如图 2-1-50 所示。

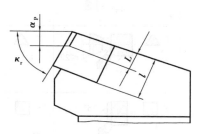

图 2-1-49　L,a_p 与 κ_r 的关系

如果单从刀片形状考虑,在数控车床刚度、功率允许的条件下,大余量、粗加工及工件刚度较高时,应尽量采用刀尖角较大的刀片;反之,则采用较小的刀片。同时,刀片形状的选择主要取决于被加工零件的轮廓形状。使用时,具体被加工表面与刀片形状和主偏角的关系可查阅相关手册或按刀具公司的刀具样本选取。

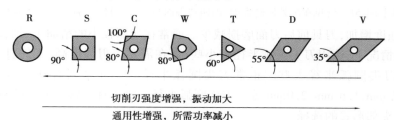

图 2-1-50　刀尖角度与加工性能的关系

常见车削外回转表面、内回转表面与刀片形状、主偏角的关系如图 2-1-51 所示。

常用正三角形刀片、正方形刀片、正五边形刀片、菱形刀片及圆形刀片的特点如下:

a. 正三角形刀片一般用于主偏角为 60° 或 90° 的外圆车刀、端面车刀和内孔车刀。

特点:刀尖角较小,强度较差,耐用度低,一般适用于采用较小的切削用量。

b. 正方形刀片的刀尖角为 90°,主要用于主偏角为 45°,60°,75° 等的外圆车刀、端面车刀和内孔车刀。

特点:强度和散热性能均有所提高,通用性较好。

c. 正五边形刀片的刀尖角为 108°,因切削时径向力大,故只适于加工系统刚性较好的情况下使用。

特点:强度、耐用度高,散热面积大。

d. 菱形刀片和圆形刀片主要用于成形表面和圆弧表面的加工。

④刀片的刀尖半径选择

刀尖圆弧半径的大小直接影响刀尖的强度及被加工零件的表面粗糙度。刀尖圆弧半径增大,刀尖锋刃降低,加工表面粗糙度值增大,切削力增大且易产生振动,切削性能变

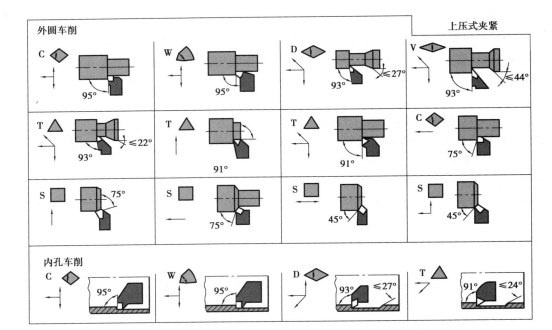

图 2-1-51　常见车削外回转表面、内回转表面与刀片形状、主偏角的关系示例

坏,但刀刃强度增加,刀具前后刀面磨损减少。通常在切深较小的精加工、细长轴加工、机床刚性差的情况下,选用刀尖圆弧半径较小些;而在需要刀刃强度高、工件直径大的粗加工中,选用刀尖圆弧半径大些。正常刀尖圆弧半径的尺寸系列有 0.2 mm,0.4 mm, 0.8 mm,1.2 mm,1.6 mm,2.0mm 等。刀尖圆弧半径一般适宜选取为进给量的 2~3 倍。

⑤刀杆头部形式的选择

刀杆头部形式按主偏角、直头和弯头分为 15~18 种。各种形式规定了相应的代码,国家标准和刀具样本中都一一列出,可根据实际情况进行选择。车削直角台阶的工件,可选主偏角大于或等于 90° 的刀杆;一般粗车时,可选主偏角 45°~90° 的刀杆;精车时,可选 45°~ 75° 的刀杆;中间切入,仿形车,则可选 45°~107.5° 的刀杆。工艺系统刚性好时,可选较小值;工艺系统刚性差时,可选较大值。如图 2-1-52 所示为几种不同主偏角车刀车削加工示意图。图中箭头指向表示车削时进给方向。车削端面时,可采用偏刀或 45° 端面车刀。

⑥左右手刀杆的选择

弯头或直头刀杆按车削方向可分为右手刀 R(右手)、左手刀 L(左手)和左右刀 N(左右手)。

a. 右手刀 R,即车削时,自左至左车削工件回转表面。

b. 左手刀 L,即车削时,自右至左车削工件回转表面。

c. 左右刀 N,即车削时,即可自左至右车削工件回转表面,也可自右至左车削工件回转表面,如图 2-1-53 所示。

注意:区分左右手刀的方向。选择时,要考虑机床刀架是前置式还是后置式,前刀面是向上还是向下,主轴的旋转方向,以及需要的进给方向等。

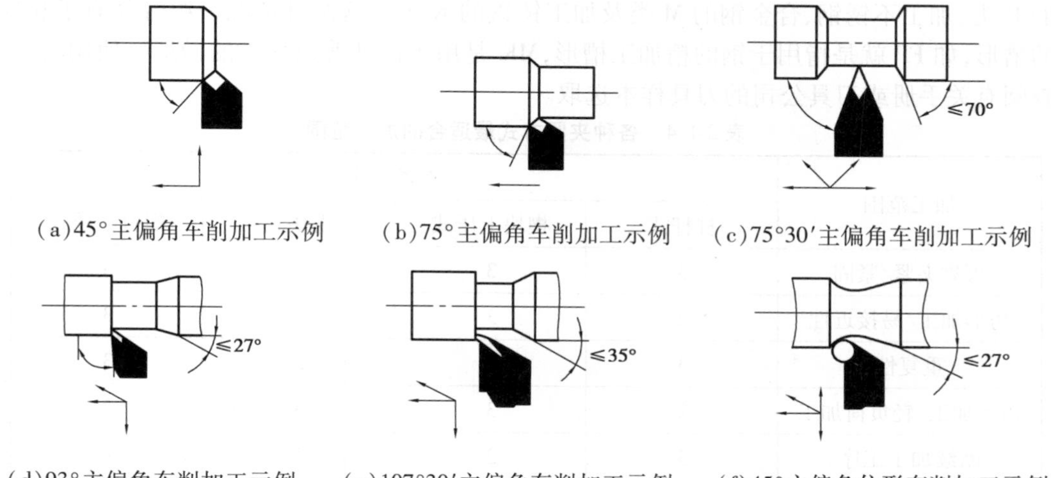

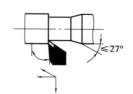

（a）45°主偏角车削加工示例　　（b）75°主偏角车削加工示例　　（c）75°30′主偏角车削加工示例

（d）93°主偏角车削加工示例　　（e）107°30′主偏角车削加工示例　　（f）45°主偏角仿形车削加工示例

图 2-1-52　不同主偏角车刀车削加工示意图

（a）右手刀 R　　　　　（b）左手刀 L　　　　　（c）左右手刀 N

图 2-1-53　左右手刀杆

⑦刀片厚度的选择

刀片的厚度越大，则能承受的切削负荷越大。因此，在车削的切削力大时，应选较厚的刀片；如太薄，则刀片容易破碎。刀片的厚度可根据背吃刀量 a_p 和进给量 f 的大小来选择。使用时，可查阅有关手册或刀具公司的刀具样本选取。

⑧刀片夹紧方式的选择

为了使刀具达到良好的切削性能，对刀片的夹紧方式有以下 4 个基本要求：

a.夹紧可靠，不允许刀片松动或移。

b.定位准确，确保定位精度和重复定位精度。

c.排屑流畅，有足够的排屑空间。

d.结构简单，操作方便，制造成本低，转位动作快，缩短换刀时间。

根据可转位刀片杠杆式、楔块上压式、楔块式及螺钉上压式 4 种夹紧方式，表2-1-4 列举了这 4 种夹紧方式最适合的加工范围，以便为给定的加工工序选择最合适的夹紧方式。其中，将它们按照适应性分为 1—3 个等级。其中，3 表示最合适的选择。

⑨断屑槽形的选择

断屑槽形的参数直接影响切屑的卷曲和折断。由于刀片的断屑槽形式较多，因此，各种断屑槽刀片使用情况也不尽相同。槽形根据加工类型和加工对象的材料特性来确定。各刀具厂商表示的方法不一样，但基本思路是一样的。基本槽形按加工类型，可分为精加工（代码 F）、普通加工（代码 M）和粗加 L（代码 R）；加工材料按国际标准，可分为加工钢的 P 类、加工不锈钢、合金钢的 M 类及加工铸铁的 K 类。这两种情况一组合就有了相应的槽形,如 FP 就是指用于钢的精加工槽形,MK 是用于铸铁普通加工的槽形。使用时,可查阅有关手册或刀具公司的刀具样本选取。

表 2-1-4　各种夹紧方式最适合的加工范围

加工范围	夹紧方式			
	杠杆式	楔块上压式	楔块式	螺钉上压式
可靠夹紧/紧固	3	3	3	3
仿形加工/易接近性	2	3	3	3
重复性	3	2	2	3
仿形加工/轻负荷加工	2	3	3	3
断续加工工序	3	2	3	3
外圆加工	3	1	3	3
内孔加工	3	3	3	3

数控加工时,如果切屑断得不好,它就会缠绕在刀头上,既可能挤坏刀片,也会把切削表面刮伤。普通车床用的硬质合金刀片一般是两维断屑槽,而数控车削刀片常采用三维断眉槽。三维断屑槽的形式很多,在刀片制造厂内,一般是定型成若干种标准。它的共同特点是断屑性能好、断屑范围宽。对具体材质的零件,在切削参数定下之后,要注意选好刀片的槽型。在选择过程中,可作一些理论探讨,但更主要的是进行实切试验。在一些场合,也可根据已有刀片的槽型来修改切削参数。

5. 中心钻

中心钻是加工中心孔的刀具。常用的主要形式有以下 4 种:

①A 型。不带护锥的中心钻。

②B 型。带 120°护锥的中心钻。

③C 型。带螺纹的中心钻。

④R 型。弧形中心钻。

加工直径 d 为 1～10 mm 的中心孔时,通常采用不带护锥的 A 型中心钻;加工工序较长、精度要求较高的工件,为了避免 60°定心锥被损坏,一般采用带 120°护锥的 B 型中心钻:对既要钻中心孔,又要在中心孔前端加工出螺纹,为轴向定位和紧固用的特殊要求中心孔,则选择带螺纹的 C 型中心钻;对定位精度要求较高的轴类零件(如圆拉刀),则采用 R 型中心钻。中心钻如图 2-1-54 所示。

6. 车刀的安装

在实际切削中,车刀安装的高低、车刀刀杆是否与工件轴线垂直对车刀角度都有很大的影响。以车削外圆为例,当车刀刀尖高于工件轴线时,因其切削平面与基面的位置发生变化而使前角增大,后角减小;反之,则前角减小,后角增大。车刀安装的歪斜对主偏角、副偏角影响较大,特别是在车螺纹时,会使牙型半角产生误差。因此,正确安装车刀是

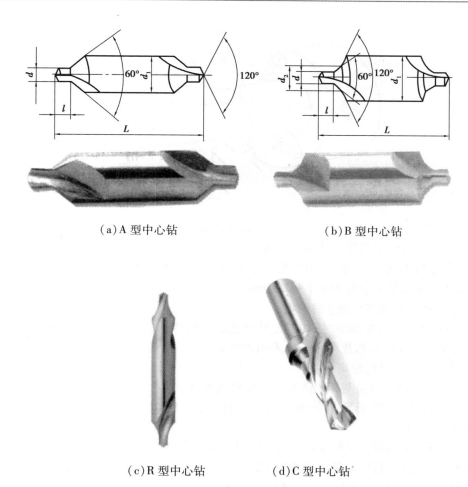

（a）A 型中心钻　　　　　　　（b）B 型中心钻

（c）R 型中心钻　　　　　（d）C 型中心钻

图 2-1-54　中心钻

保证加工质量、减小刀具磨损、提高刀具使用寿命的重要环节。

六、切削用量选择

数控车削加工的切削用量包括背吃刀量 a_p、主轴转速 n 或者切削速度 v_c（恒线速时）、进给量 f 或者进给速度 F，如图 2-1-55 所示。合理的切削用量是在充分发挥数控车床效能、刀具性能和保证加工质量的前提下，获得较高的生产效率和较低的加工成本。为了在一定刀具耐用度条件下取得较高的生产效率，选取切削用量的合理顺序和原则如下：

①粗车时，首先考虑选择一个尽可能大的背吃刀量 a_p，其次选择一个较大的进给量 f，最后在保证刀具耐用度的前提下，确定一个合适的切削速度 v_c。

②精车时，应选用较小（但不太小）的背吃刀量 a_p 和进给量 f，并选用切削性能高的刀具材料和合理的几何参数，以尽可能提高切削速度 v_c。

1. 背吃刀量 a_p 的确定

在工艺系统刚度和机床功率允许的情况下，尽可能选取较大的背吃刀量，以减少进给次数。一般当毛坯直径余量小于 6 mm 时，根据加工精度考虑是否留出半精车和精车余

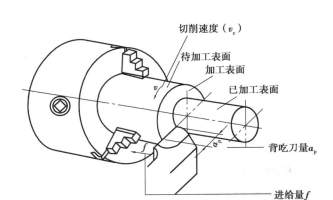

图 2-1-55　切削用量的确定

量,剩下的余量可一次切除。当零件的精度要求较高时,为了保证加工精度和表面粗糙度,应留出半精车、精车余量,一般半精车余量为 0.5 ~ 2 mm,所留余量一般比普通车削时所留余量少,常取精车余量为 0.1 ~ 0.3 mm。

2.进给速度 F 或进给量 f 的确定

进给速度 F 是指在单位时间内,刀具沿进给方向移动的距离(单位为 mm/min)。进给量 f 的单位为 mm/r,数控车床一般采用进给量 f。

1)确定进给速度的原则

①进给量 f 的选取应与背吃刀量和主轴转速相适应。

②在保证工件加工质量的前提下,为提高生产效率,可选择较高的进给速度(2 000 mm/min以下)。

③在切断、车削深孔或精车时,应选择较低的进给速度。

④当刀具空行程,特别是远距离"回零"时,可设定尽量高的进给速度。

⑤粗车时,一般取 f 为 0.25 ~ 0.5 mm/r;精车时,常取 f 为 0.08 ~ -0.2 mm/r;切断时,f 为 0.05 ~ -0.15 mm/r。

2)进给速度 F 的计算

进给速度的大小直接影响表面粗糙度值和车削效率,因此,进给速度的确定应在保证表面质量的前提下,选择较高的进给速度。

进给速度包括纵向进给速度和横向进给速度。一般根据零件的表面粗糙度、刀具及工件材料等因素,查阅切削用量手册选取进给量 f,再计算进给速度为

$$F = nf$$

式中　F——进给速度,mm/min;

　　　f——进给量,mm/r;

　　　n——工件或刀具的转速,r/min。

粗车时,加工表面粗糙度要求不高,进给量 f 主要受刀杆、刀片、工件及机床进给机构的强度与刚度能承受的切削力所限制,一般取 0.3 ~ 0.5 mm/r;半精加工与精加工的进给量,主要受加工表面粗糙度要求的限制,半精车时常取 0.2 ~ 0.3 mm/r,精车时常取 0.08 ~ 0.2 mm/r,切断时常取 0.05 ~ 0.15 mm/r,工件材料较软时,可选用较大的进给量;

反之,应选较小的进给量。

表 2-1-5 为无涂层硬质合金车刀粗车外圆及端面的进给量参考数值,可供选用时参考。

表 2-1-5 硬质合金车刀粗车外圆及端面的进给量参考数值

工件材料	车刀刀杆尺寸 $B \times H$ (mm × mm)	工件直径 d_w/mm	背吃刀量 a_p/mm				
			≤3	> 3 ~ 5	> 5 ~ 8	> 8 ~ 12	> 12
			进给量 f/(mm · r^{-1})				
碳素结构钢、合金结构钢及耐热钢	16 × 25	20	0.3 ~ 0.4	—	—	—	—
		40	0.4 ~ 0.5	0.3 ~ 0.4	—	—	—
		60	0.5 ~ 0.7	0.4 ~ 0.6	0.3 ~ 0.5	—	—
		100	0.6 ~ 0.9	0.5 ~ 0.7	0.5 ~ 0.6	0.4 ~ 0.5	—
		400	0.8 ~ 1.2	0.7 ~ 1.0	0.6 ~ 0.8	0.5 ~ 0.6	—
	20 × 30 25 × 25	20	0.3 ~ 0.4	—	—	—	—
		40	0.4 ~ 0.5	0.3 ~ 0.4	—	—	—
		60	0.5 ~ 0.7	0.5 ~ 0.7	0.4 ~ 0.6	—	—
		100	0.8 ~ 1.0	0.7 ~ 0.9	0.5 ~ 0.7	0.4 ~ 0.7	—
		400	1.2 ~ 1.4	1.0 ~ 1.2	0.8 ~ 1.0	0.6 ~ 0.9	0.4 ~ 0.6
铸铁铜合金	16 × 25	40	0.4 ~ 0.5	—	—	—	—
		60	0.5 ~ 0.8	0.5 ~ 0.8	0.4 ~ 0.6	—	—
		100	0.8 ~ 1.2	0.7 ~ 1.0	0.6 ~ 0.8	0.5 ~ 0.7	—
		400	1.0 ~ 1.4	1.0 ~ 1.2	0.8 ~ 1.0	0.6 ~ 0.8	—
铸铁铜合金	20 × 30 25 × 25	40	0.4 ~ 0.5	—	—	—	—
		60	0.5 ~ 0.9	0.5 ~ 0.8	0.4 ~ 0.7	—	—
		100	0.9 ~ 1.3	0.8 ~ 1.0	0.7 ~ 1.0	0.5 ~ 0.8	—
		400	1.2 ~ 1.8	1.2 ~ 1.6	1.0 ~ 1.3	0.9 ~ 1.1	0.7 ~ 0.9

注:1. 加工断线表面及有冲击的工件时,表内进给量应乘以系数 $k = 0.8$。

    2. 在无外皮加工时,表内进给量应乘以系数 $k = 1.1$。

    3. 加工耐热钢及其合金时,进给量不大于 0.5 mm/r。

    4. 加工淬硬钢时,进给量应减小。当钢的硬度为 44 ~ 56 HRC 时。乘以系数 $k = 0.8$;当钢的硬度为 57 ~ 62 HRC 时,乘以系数 $k = 0.5$。

3. 主轴转速 n 的确定

光车时,主轴转速应根据零件上被加工部位的直径,并按零件和刀具的材料及加工性质等条件所允许的切削速度 v_c(m/min)来确定。切削速度除了计算和查表选取外,还可根据实践经验确定。切削速度确定后,可计算主轴转速为

$$n = \frac{1\ 000 v_c}{\pi d}$$

式中　　n——工件或刀具的转速,r/min;

      v_c——切削速度,m/min;

d——切削刃选定点处所对应的工件或刀具的回转直径,mm。

表 2-1-6 为硬质合金外圆车刀切削速度的参考数值,可供选用时参考。

表 2-1-6　硬质合金外圆车刀切削速度的参考数值

| 工件材料 | 热处理状态 | $a_p = 0.3 \sim 2$ mm | $a_p = 2 \sim 6$ mm | $a_p = 6 \sim 10$ mm |
| | | $f = 0.08 \sim 0.3$ mm/r | $f = 0.3 \sim 0.6$ mm/r | $f = 0.6 \sim 6$ mm/r |
		$v_c /(\text{m} \cdot \text{min}^{-1})$		
低碳钢	热轧			
中碳钢	热轧	140 ~ 180	100 ~ 120	70 ~ 90
	调质	130 ~ 160	90 ~ 110	60 ~ 80
合金结构钢	热轧	100 ~ 130	70 ~ 90	50 ~ 70
	调质	80 ~ 110	50 ~ 70	40 ~ 60
工具钢	退火	90 ~ 120	60 ~ 80	50 ~ 70
灰铸铁	HBS < 190	90 ~ 120	60 ~ 80	50 ~ 70
	HBS = 190 ~ 225	80 ~ 110	50 ~ 70	40 ~ 60
铜及铜合金		200 ~ 250	120 ~ 180	90 ~ 120
铝及铝合金		300 ~ 600	200 ~ 400	150 ~ 200
铸铝合金		100 ~ 180	80 ~ 150	60 ~ 100

注:切削钢及灰铸铁时刀具耐用度约为 60 min。

表 2-1-7 为采用国产硬质合金刀具及钻孔数控车切削用量的参考数值。

表 2-1-7　国产硬质合金刀具及钻孔数控车切削用量的参考数值

工件材料	加工方式	背吃刀量 /mm	切削速度 /($\text{m} \cdot \text{min}^{-1}$)	进给量 /($\text{mm} \cdot \text{r}^{-1}$)	刀具材料
碳素钢 $\sigma_b = 600$ MPa	粗加工	5 ~ 7	60 ~ 80	0.2 ~ 0.4	YT 类
	粗加工	2 ~ 3	80 ~ 120	0.2 ~ 0.4	
	粗加工	0.2 ~ 0.3	120 ~ 150	0.1 ~ 0.2	
	车螺纹		70 ~ 100	导程	
	钻中心孔		500 ~ 800	0.06 ~ 0.01	W18Cr4V
	钻孔		10 ~ 30	0.1 ~ 0.2	
	切断(宽度 < 5 mm)			0.1 ~ 0.2	
合金钢 $\sigma_b = 1\,470$ MPa	粗加工	2 ~ 3	50 ~ 80	0.2 ~ 0.4	YT 类
	精加工	0.1 ~ 0.15	60 ~ 100	0.1 ~ 0.2	
	切断(宽度 < 5 mm)		40 ~ 70	0.1 ~ 0.2	

续表

工件材料	加工方式	背吃刀量 /mm	切削速度 /(m·min⁻¹)	进给量 /(mm·r⁻¹)	刀具材料
铸铁 200 HBS 以下	粗加工	2~3	50~70	0.2~0.4	YG 类
	精加工	0.1~0.15	70~100	0.1~0.2	
	切断(宽度<5 mm)		50~70	0.1~0.2	
铝	粗加工	2~3	180~250	0.2~0.4	
	精加工	0.2~0.3	200~280	0.1~0.2	
	切断(宽度<5 mm)		50~220	0.1~0.2	
黄铜	粗加工	2~4	150~220	0.2~0.4	
	精加工	0.1~0.15	180~250	0.1~0.2	
	切断(宽度<5 mm)			0.1~0.2	

注:切削速度的单位除钻中心孔加工方式为 r/min 外,其他均为 m/min。

七、填写数控加工工序卡和刀具卡

数控加工工艺文件既是数控加工的依据,也是操作者遵守、执行的作业指导书。数控加工工艺文件是对数控加工的具体说明。其目的是让操作者更明确加工程序的内容,装夹方式、加工顺序、走刀路线、切削用量,以及各个加工部位所选用的刀具等作业指导规程。数控加工工艺技术文件主要有数控加工工序卡和数控加工刀具卡,更详细的还有数控加工走刀路线图等,有些数控加工工序卡还要求画出工序简图。

当前,数控加工工序卡、数控加工刀具卡及数控加工走刀路线图还没有统一的标准格式,都是由各个单位结合具体情况自行确定。

1. 数控加工工序卡

数控加工工序卡与普通加工工序卡有许多相似之处。所不同的是:若要求画出工序简图,数控加工工序的工序简图中应注明编程原点与对刀点,要进行简要编程说明(如所用加机床型工机床型号、程序编号)及切削参数(即程序编入的主轴转速、进给速度、最大吃刀量或宽度等)的选择。具体数控加工工序卡要求填写的内容见表 2-1-8。

2. 数控加工刀具卡

数控加工刀具卡反映刀具编号、刀具型号规格与名称、刀具的加工表面、刀具数量和刀长等。有些更详细的数控加工刀具卡还要求反映刀具结构、尾柄规格、组合件名称代号、刀片型号和材料等。数控加工刀具卡是组装和调整刀具的依据。一般数控加工刀具卡见表 2-1-9。

3. 数控加工走刀路线图

数控加工走刀路线图告诉操作者编程中的刀具运动路线(如从哪里下刀,在哪里抬刀,以及哪里是斜下刀等)。为简化走刀路线图,一般可采用统一约定的符号来表示。不同的机床可采用不同的图例与格式。

表 2-1-8 数控加工工序卡

单位名称		产品名称或代号	零件名称	零件图号
工序号	程序编号	夹具名称	加工设备	车间
工序简图				
工步号	工步内容	刀具号	刀具规格	主轴转速	进给速度	检测工具	备注
编制		审核		批准		年　月　日	共　页　第　页

表 2-1-9 数控加工刀具卡

产品名称或代号		零件名称		零件图号	
序号	刀具号	刀具			加工表面	备注
		型号、规格、名称	数量	刀长/mm		
编制		审核		批准		年　月　日　共　页　第　页

任务评价

评价方式见表 2-1-10。

表 2-1-10　能力评价表

等级	评价标准
1	（1）能高质量、高效率地应用计算机完成资料的检索任务并总结 （2）能分析数控车削加工工艺设计步骤，并总结它们之间的联系（关系） （3）能分析、拟订数控车前加工工艺路线的主要内容，并总结它们之间的联系（关系）及如何正确拟订数控车削加工工艺路线 （4）能总结数控刀具的材料及其应用范围，确定常用的硬质合金刀具和带涂层硬质合金刀具的切削用量 （5）能分析数控车削零件的定位及常用装夹方式，并总结确定装夹方式的基本原则 （6）能为加工如图 2-2-1 所示的零件选择刀具，确定机床、装夹方案和夹具
2	（1）能在无教师的指导下应用计算机完成资料的检索任务并总结 （2）能在无教师的指导下分析数控车削加工工艺设计步骤并总结 （3）能在无教师的指导下分析、拟订数控车削加工工艺路线的主要内容并总结 （4）能在无教师的指导下总结数控刀具的材料及其应用范围 （5）能在无教师的指导下分析数控车削零件的定位及常用装夹方式并总结 （6）基本能为加工如图 2-2-1 所示的零件选择刀具，确定机床、装夹方案和夹具
3	（1）能在教师的偶尔指导下应用计算机完成资料的检索任务并总结 （2）能在教师的偶尔指导下分析数控车削加工工艺设计步骤并总结 （3）能在教师的偶尔指导下分析、拟订数控车削加工工艺路线的主要内容并总结 （4）能在教师的偶尔指导下总结数控刀具的材料及其应用范围并总结 （5）能在教师的偶尔指导下分析数控车削零件的定位及常用装夹方式并总结
4	（1）能在教师的指导下应用计算机完成资料的检索任务并总结 （2）能在教师的指导下分析数控车削加工工艺设计步骤并总结 （3）能在教师的指导下分析、拟订数控车削加工工艺路线的主要内容并总结 （4）能在教师的指导下总结数控刀具的材料及其应用范围并总结 （5）能在教师的指导下分析数控车削零件的定位及常用装夹方式并总结
等级：优秀、良好、中等、合格	

巩固与提高

1．以"数控车削加工工艺设计"为关键词检索"数控车削加工工艺设计步骤"相关内容，并对结果进行概括总结。

2．分析数控车削加工工艺设计步骤，总结它们之间的联系（关系）。

3．分析、拟订数控车削加工工艺路线的主要内容，总结它们之间的联系（关系）及如何正确拟订数控车削加工工艺路线。

4．总结数控刀具的材料及其应用范围，确定常用的硬质合金刀具和带涂层硬质合金刀具的切削用量。

5．分析数控车削零件的定位及常用装夹方式，总结确定各常用装夹方式的基本原则。

6. 为加工如图 2-2-1 所示的零件选择刀具,确定机床、装夹方案和夹具。

任务二　光轴零件数控车削加工实例

任务描述

完成如图 2-2-1 所示光轴加工案例零件的数控车削加工,具体设计该光轴的数控加工工艺。

1. 制订如图 2-2-1 所示短光轴零件的数控车削加工工艺;

2. 编制如图 2-2-1 所示短光轴零件的数控车削加工工序卡和刀具卡等工艺文件。

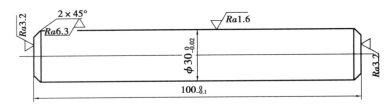

图 2-2-1　光轴

光轴加工案例零件说明:该光轴加工案例零件材料为 45 钢,生产批量 5 件,毛坯尺寸为 $\phi35$ mm × 105 mm。

能力目标

1. 会制订短光轴零件的数控车削加工工艺;

2. 会编写短光轴零件的数控车削加工工艺文件。

任务实施

数控车削加工工艺设计步骤包括零件图纸工艺分析、加工工艺路线设计、机床选择、装夹方案及夹具选择、刀具选择、切削用量选择及填写数控加工工序卡与刀具卡等。

一、零件图纸工艺分析

零件图纸工艺分析主要引导学生审查图纸,以及分析零件的结构工艺性、尺寸精度、形位精度和表面粗糙度等零件图纸技术要求。

1. 审查图纸

该案例零件图尺寸标注完整、正确,符合数控加工要求,加工部位清楚明确。

2. 零件结构的工艺性分析

该零件材料 45 钢为典型回转体轴类零件,工艺性好。

3. 零件图纸技术要求分析

该光轴零件要求加工部位的两端面表面粗糙度 $Ra3.2\ \mu m$，长度尺寸精度$100\ _{-0.1}^{\ 0}\ mm$，要求不高；外径表面粗糙度 $Ra1.6\ \mu m$，尺寸精度$\phi 30\ _{-0.02}^{\ 0}\ mm$，要求稍高。

二、加工工艺路线设计

加工工艺路线设计主要引导学生选择加工方法、划分加工阶段、划分工序、工序顺序安排及确定进给加工路线。

1. 选择加工方法

根据外回转表面的加工方法和该光轴零件的加工精度及表面加工质量要求，选择粗车—半精车—精车加工，即可满足零件图纸技术要求。但由于该零件毛坯长度较短，无法夹持一头即完成全部加工，因此，必须掉头车削加工，而掉头车削加工将造成两次安装无法避免的加工接刀痕迹问题，加工无法满足零件图纸技术要求。另由于外径加工余量不大，单边最大加工余量只有 2.5 mm，因此，选择粗车—磨削的加工方法。但在数控车加工时，必须顺带打出中心孔，为磨削装夹做好准备。

2. 划分加工阶段

根据上述加工方法，该案例零件加工划分为粗加工阶段—精加工阶段两个阶段。

3. 划分工序

根据上述加工方法，该案例零件毛坯长度较短，无法夹持一头即完成全部加工，必须掉头车削加工，故工序划分以一次安装所进行的加工作为一道工序，数控车削加工共分两道工序，但每道工序又分 3 道工步，即粗精车端面、粗车外径和打中心孔。

4. 工序顺序安排

根据上述划分工序，该案例零件加工顺序按由粗到精、先面后孔、由近到远（由右到左）的原则确定，工步顺序按同一把刀能加工内容连续加工原则确定。

5. 确定进给加工路线

根据上述加工顺序安排，该案例零件加工路线设计先粗精车一头端面，再粗车外径（含车倒角 2×45°），后打中心孔；掉头粗精车一头端面（含车倒角 2×45°），保证长度尺寸精度 $100\ _{-0.1}^{\ 0}\ mm$，后打中心孔；最后再安排磨削外径，保证外径尺寸精度 $\phi 30\ _{-0.02}^{\ 0}\ mm$ 和表面粗糙度 $Ra1.6\ \mu m$。

三、机床选择

机床选择主要引导学生根据加工零件规格大小、加工精度和加工表面质量等技术要求，正确、合理地选择机床型号及规格。

该案例零件规格不大，尺寸精度要求较高的外径精加工安排磨削，故数控车削选用规格不大的经济型数控车床 TK36（注：带尾架）即可，精加工磨削选用普通外圆磨床 M1320即可。

四、装夹方案及夹具选择

装夹方案及夹具选择主要引导学生根据加工零件规格大小、结构特点、加工部位、尺寸精度、形位精度及表面粗糙度等零件图纸技术要求，确定零件的定位、装夹方案及夹具。

该案例零件是典型回转体类零件,根据上述加工工艺路线设计,该案例零件装夹方案选用三爪卡盘反爪外台阶面以光轴一端定位,夹紧外径,因工件长径比小,且精加工安排磨削,故无须找正;掉头装夹加工,担心已粗加工外径夹伤严重,可考虑在工件已加工表面夹持位包一层薄铜皮。夹具选择普通三爪卡盘或液压三爪卡盘均可。数控车削夹持工件长度及夹紧余量参考值见表2-1-1。夹紧余量是指数控车刀车削至靠近三爪端面处与卡爪外端面的距离。

表 2-2-1　数控车削夹持长度及夹紧余量参考值

使用设备	夹持长度	夹紧余量	应用范围
数控车床	8 ~ 10		用于加工直径较大、实心、易切断的零件
	15	7	用于加工套、垫等零件一次车好不掉头
	20		用于加工有色薄壁、套管零件
	25	7	用于加工各种螺纹、滚花及用样板刀车圆球和反车退刀等

注:1. 工件能掉头装夹的不应加夹持长度。

2. 坯料加工成最后两件或者多件能掉头互为夹持的,不应加夹持长度。

五、刀具选择

刀具选择主要引导学生根据加工零件余量大小、结构特点、材质、热处理硬度、加工部位、尺寸精度、形位精度及表面粗糙度等零件图纸技术要求,结合刀具材料,正确、合理地选择刀具。

根据上述加工工艺路线设计,该案例零件数控车只有加工端面、外径和中心孔,根据各类型车刀的加工对象和特点,加工端面和外径选用右偏外圆车刀(右手刀),刀片选用带涂层硬质合金刀片,刀尖圆弧半径为0.3 mm;加工中心孔选用B型中心钻;磨削外径选用砂轮。

六、切削用量选择

切削用量选择主要引导学生根据加工零件余量大小、材质、热处理硬度、尺寸精度、形位精度及表面粗糙度等零件图纸技术要求,结合所选刀具和拟订的加工工艺路线,正确、合理地选择切削用量。

数控车削的切削用量包括背吃刀量 a_p、进给速度 F 或每转进给量 f 及主轴转速 n。

1. 背吃刀量 a_p

根据上述加工工艺路线设计,该案例零件外径、端面加工余量不大,单边最大加工余量只有约2.5 mm,选择粗车—磨削的加工方法。背吃刀量 a_p 在工艺系统刚度和机床功率允许的情况下,尽可能选取较大的背吃刀量,以减少进给次数。因此,粗车端面和外径时,背吃刀量 a_p 约取2.25 mm,外径单边留0.12 ~ 0.13 mm的磨削余量,精车端面背吃刀量 a_p 取0.25 ~ 0.28 mm。

2. 每转进给量 f

根据硬质合金车刀粗车外圆、端面的进给量,按表面粗糙度选择进给量的参考值,该案例零件粗车外径、端面的每转进给量 f 取 0.25 mm;精车端面的每转进给量 f 取 0.15 mm;中心钻按国产硬质合金刀具及钻孔数控车切削用量参考值,每转进给量 f 取 0.15 mm。

3. 主轴转速 n

主轴转速 n 应根据零件上被加工部位的直径,并按零件和刀具的材料及加工性质等条件所允许的切削速度 v_c(m/min),按公式 $n = (1\,000 \times v_c)/(3.14 \times d)$ 来确定。根据硬质合金外圆车刀切削速度的参考数值,粗车外径、端面的切削速度 v_c 选 100 m/min,则主轴转速 n 约为 500 r/min;精车端面的切削速度 v_c 选 130 m/min,则主轴转速 n 约为 650 r/min;钻中心孔的主轴转速选 600 r/min。

七、填写数控加工工序卡和刀具卡

填写数控加工工序卡和刀具卡主要引导学生根据选择的机床、刀具、夹具、切削用量和拟订的加工工艺路线,正确填写数控加工工序卡和刀具卡。

1. 光轴加工案例零件数控加工工序卡

光轴加工案例零件数控加工工序卡见表 2-2-2(注:刀片为涂层硬质合金刀片)。

表 2-2-2　光轴数控加工工序卡

单位名称		产品名称或代号		零件名称		零件图号
				光轴		
工序号	程序编号	夹具名称		加工设备		车间
		三爪卡盘		TK36		数控中心
工步号	工步内容	刀具号	刀具规格 /mm	主轴转速 /(r·min⁻¹)	进给速度 /(mm·r⁻¹)	检测工具	备注
1	粗精车右端面,保证表面粗糙度 Ra 为 3.2 μm	T01	25×25	500/650	0.3/0.2	表面粗糙度标准块	
2	粗车倒角及外径,外径车削长度 80 mm,单边留磨 0.12～0.13,保证倒角表面粗糙度 Ra 为 6.3 μm	T01	25×25	500	0.25	游标卡尺	
3	右端面打中心孔	T02	$\phi 3$	600	0.15	游标卡尺	
4	粗精车左端面,保证表面粗糙度 Ra 为 3.2 μm 和总长 $100^{\,0}_{-0.1}$ mm	T01	25×25	500/650	0.3/0.2	带表游标卡尺	掉头装夹车

续表

工步号	工步内容	刀具号	刀具规格/mm	主轴转速/(r·min⁻¹)	进给速度/(mm·r⁻¹)	检测工具	备注
5	粗车倒角及外径,外径车削长度 25 mm,单边留磨 0.12～0.13,保证倒角表面粗糙度 Ra 为 6.3 μm	T01	25×25	500	0.25	游标卡尺	
6	左端面打中心孔	T02	$\phi 3$	600	0.15	游标卡尺	
7	磨外径至 $\phi 30^{\ 0}_{-0.02}$					外径千分尺	外圆磨床
编制		审核		批准		年 月 日 共 页 第 页	

2. 光轴加工案例零件数控加工刀具卡

光轴加工案例零件数控加工刀具卡见表 2-2-3。

表 2-2-3　光轴数控加工刀具卡

产品名称或代号			零件名称	光轴	零件图号		
序号	刀具号	刀 具			加工表面	备 注	
		规格名称	数量	刀长/mm			
1	T01	外圆车刀	1	实测	端面、外径、倒角	刀尖半径 0.3 mm	
2	T02	$\phi 3$ mmB 型中心钻	1	实测	中心孔		
编制		审核		批准		年 月 日 共 页 第 页	

任务评价

评价方式见表 2-2-4。

表 2-2-4　评价表

序号	评价标准	学生测评
1	能高质量、高效率地完成如图 2-2-1 所示光轴零件的数控加工工艺设计,并完成巩固与提高中的光轴零件的数控加工工艺设计	
2	能在无教师的指导下完成如图 2-2-1 所示光轴零件的数控加工工艺设计	
3	能在教师的偶尔指导下完成如图 2-2-1 所示光轴零件的数控加工工艺设计	
4	能在教师的指导下完成如图 2-2-1 所示光轴零件的数控加工工艺设计	
等级:优秀;良好;中等;合格		

巩固与提高

将如图 2-2-1 所示的光轴零件表面粗糙度改为 $Ra3.2\mu m$,其他不变,试设计其数控加工工艺。

任务三 台阶轴零件数控车削加工工艺编制

任务描述

1. 分析如图 2-3-1 所示台阶轴零件加工案例,确定正确的数控车削加工工艺;

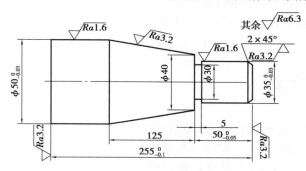

图 2-3-1 台阶轴

2. 编制如图 2-3-1 所示台阶轴零件的数控车削加工工序卡、刀具卡等工艺文件。

完成如图 2-3-1 所示台阶轴加工案例零件的数控车削加工,具体设计该台阶轴的数控加工工艺。

台阶轴加工案例零件说明:该台阶轴加工案例零件材料为 45 钢,毛坯尺寸为 $\phi57$ mm × 260 mm,小批量生产。该台阶轴加工案例零件数控加工工艺规程见表 2-3-1。

表 2-3-1 台阶轴加工案例零件数控加工工艺规程

工序号	工序内容	刀具号	刀具名称	主轴转速 /($r \cdot min^{-1}$)	进给速度 /($mm \cdot r^{-1}$)	背吃刀量 /mm	机床	夹具
1	粗精车右端面	T01	外圆刀	300	0.1	2.5	TK36	专用夹具
2	粗精车倒角、$\phi35$ mm 外径和长度 125 mm 锥度,保证尺寸精度和表面粗糙度	T01	外圆刀	500/900	0.2/0.1		TK36	专用夹具
3	切槽	T02	$\phi12$ 内孔刀	600	0.15		TK36	专用夹具

续表

工序号	工序内容	刀具号	刀具名称	主轴转速/(r·min⁻¹)	进给速度/(mm·r⁻¹)	背吃刀量/mm	机床	夹具
4	车左端面	T01	外圆刀	600	0.1		TK36	专用夹具
5	粗精车 φ50 mm 外径,保证尺寸粗度和表面粗糙度	T01	外圆刀	500/900	0.2/0.1		TK36	专用夹具

能力目标

1. 会制订台阶轴数控车削加工工艺;
2. 会编制台阶轴数控车削加工工艺文件。

相关知识

一、切槽与切断工艺

1. 切槽与切断

在回转体类零件内外回转表面或端面上经常设计一些沟槽,这些槽有螺纹退刀槽、砂轮越程槽、油槽及密封圈槽等。切槽与车端面有些相似,如同两把左右偏刀并在一起同时车左右两个端面,但刀具与工件的接触面积较大,切削条件较差。

把坯料或工件从夹持端上分离下来的切削方法,称为切断。切断与切槽类似,只是由于刀具要切到工件回转中心,散热条件差、排屑困难、刀头窄而长,因此,切削条件差。切断时,刀尖必须与工件等高,否则切断处将留有凸台,且易损坏加工刀具。

为了防止工件在精车后切槽产生较大的切削力而引起变形,破坏精车的加工精度,轴类零件上的切槽一般应在精车之前进行,最后再切断。

2. 回转体类零件的切槽与切断加工

回转体类零件内外回转表面或端面常见切槽与切断加工如图 2-3-2 所示。

3. 切断刀切削刃宽度的确定

切断刀主切削刃太宽,会造成切削力过大而引起振动;主切削刃太窄,削弱刀头强度,容易使刀头折断。通常,切断刀主切削刃宽度 a 可计算为

$$a \approx (0.5 - 0.6) \sqrt{D}$$

式中　a——主切削刃宽度,mm;

　　　D——工件待加工表面直径,mm。

因切断刀或切槽刀的切削力较大,容易引起振动,故常用切断刀与切槽刀切削刃宽度 a 一般为 2~3.5 mm。

4. 切断时切断刀的折断问题

当切断毛坯或不规则表面的工件时,切断前先把工件车圆,或起始切断时,尽量减小

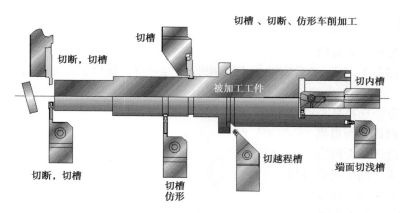

图 2-3-2　回转体类零件内外回转表面或端面常见切槽与切断加工

进给量,以免发生"啃刀"而损坏切断刀。

　　用卡盘装夹工件切断时,如工件装夹不牢固,或切断位置离卡盘较远,在切削力的作用下易将工件抬起,造成切断刀刀头折断。因此,工件应装夹牢固,切断位置应尽可能靠近卡盘,当切断用一夹一顶装夹工件时,工件不应完全切断,而应在工件中心留一细杆,卸下工件后再用榔头敲断;否则,切断时会造成事故并折断切断刀。切断刀装得与工件轴线不垂直,主切削刃没有对准工件中心,也容易使切断刀折断。

　　切断时的进给量太大,或数控车床 X 轴传动链间隙过大时,切断时易发生"扎刀",会造成切断刀折断;手动进给切断时,摇动手轮应连续、均匀、如不得已而需中途停车时,应先把车刀退出后再停车。切断刀排屑不畅时,使切屑堵塞在槽内,造成刀头负荷增大而折断。因此,切断时,应注意及时排屑,防止堵塞。

二、常见切槽刀与切断刀

　　常见切槽刀及切断刀如图 2-3-3 所示。

图 2-3-3　常见切槽刀与切断刀

任务实施

1. 加工案例工艺分析

①对如图 2-3-1 所示的台阶轴加工案例进行详细分析,找出该台阶轴加工工艺有什么不妥之处。

a. 加工方法选择是否得当。

b. 夹具选择是否得当。

c. 刀具选择是否得当。

d. 加工工艺路线是否得当。

e. 切削用量是否合适。

f. 工序安排是否合适。

g. 机床选择是否得当。

h. 装夹方案是否得当。

②对上述问题进行分析后,如果有不当的地方改正过来,并提出正确的工艺措施。

③制订正确的工艺并优化工艺。

④填写该台阶轴加工案例零件的数控加工工序卡和刀具卡,确定装夹方案。

2. 加工案例加工工艺与装夹方案

1)台阶轴加工案例零件数控加工工序卡

台阶轴加工案例零件数控加工工序卡见表 2-3-2。

表 2-3-2　台阶轴加工案例零件数控加工工序卡

单位名称		产品名称或代号	零件名称		零件图号
			台阶轴		
工序号	程序编号	夹具名称	加工设备		车间
		三爪卡盘 + 顶针	TK36		数控中心
工步号	工步内容	刀具号	刀具规格 /mm	主轴转速 /(r·min^{-1})	进给速度 /(mm·r^{-1})	检测工具	备注
1	粗精车右端面,保证表面粗糙度 Ra 为 3.2 μm	T01	25×25	400/450		表面粗糙度标准块	
2	打中心孔		$\phi3$	550	0.15	游标卡尺	
3	粗精车左端面,保证表面粗糙度 Ra3.2 μm 和总长 255 mm	T01	25×25	400/450		带表游标卡尺	掉头车
4	打中心孔		$\phi3$	550	0.15	游标卡尺	

续表

工步号	工步内容	刀具号	刀具规格/mm	主轴转速/(r·min⁻¹)	进给速度/(mm·r⁻¹)	检测工具	备注
5	粗精车 ϕ50 mm 外径和长度至尺寸,保证外径 ϕ50 $_{-0.03}^{\ 0}$ mm 和表面粗糙度 Ra 为 1.6 μm	T01	25×25	600/1 000	0.3/0.15	外径千分尺	
6	粗车倒角、ϕ35 mm 外径及长度 125 mm 锥度,单边留磨 0.15 mm 余量	T01	25×25	600	0.3	游标卡尺	掉头装夹防夹伤
7	切 5×ϕ30 mm 槽	T04	25×25	500	0.15	游标卡尺	
8	精车倒角 ϕ35 mm 外径,保证外径 ϕ35 $_{-0.03}^{\ 0}$ mm 长度 50 $_{-0.05}^{\ 0}$ mm 及表面粗糙度 Ra 为 1.6 μm,精车长度 125 mm 锥度,保证表面粗糙度 Ra 为 3.2 μm	T01	25×25	1 000	0.15	外径千分尺	
编制		审核		批准		年　月　日	共　页　第　页

2)台阶轴加工案例零件数控加工刀具卡

台阶轴加工案例零件数控加工刀具卡见表2-3-3。

表 2-3-3　台阶轴加工案例零件数控加工刀具卡

产品名称或代号			零件名称	台阶轴	零件图号	
序号	刀具号	刀具		加工表面		备　注
		规格名称	数量	刀长/mm		
1	T01	外圆车刀	1	实测	外径、锥度、倒角	刀尖半径 0.3 mm
2	T04	3 mm 切槽刀	1	实测	槽	
编制		审核		批准	年　月　日	共　页　第　页

3)台阶轴加工案例零件装夹方案

该案例零件是典型回转体类零件,适合选用三爪卡盘反爪外台阶面以一端定位,夹紧外径。因工件长径比(L/D)大于 5 且加工精度及表面粗糙度要求较高,三爪卡盘夹紧一端时,另一端必须采用机床尾架顶尖顶紧,即形成"一夹一顶"的装夹方式。掉头装夹加工时,担心已精加工的 ϕ50 mm 外径表面夹伤,在工件 ϕ50 mm 已加工表面夹持位包一层铜皮,防止工件夹伤。

任务评价

评价方式见表2-3-4。

表2-3-4 评价表

序号	评价标准	学生测评
1	能高质量、高效率地找出如图2-3-1所示的台阶轴加工案例中工艺不合理之处,提出正确的解决方案,并完整、优化地设计如图2-3-4所示的传动轴加工案例零件的数控加工工艺,确定毛坯和装夹方案	
2	能在教师的偶尔指导下找出如图2-3-1所示的台阶轴加工案例中工艺设计不合理之处,并提出正确的解决方案	
3	能在教师的偶尔指导下找出如图2-3-1所示的台阶轴加工案例中工艺设计不合理之处,并提出基本正确的解决方案	
4	能在教师的指导下找出如图2-3-1所示的台阶轴加工案例中工艺设计不合理之处	
等级:优秀;良好;中等;合格		

巩固与提高

如图2-3-4所示为传动轴加工案例零件,材料为45钢,批量30件。试确定毛坯尺寸,设计其数控加工工艺,并确定装夹方案。

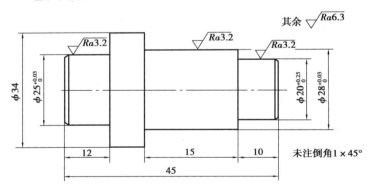

图2-3-4 传动轴加工案例零件

任务四　外圆弧曲面零件数控车削加工工艺编制

任务描述

完成如图 2-4-1 所示球头销加工案例零件的数控车削加工,具体设计该球头销的数控加工工艺。该球头销(材料为 45 钢,批量 30 件)零件毛坯尺寸为 $\phi30$ mm×70 mm。

1. 分析轴类带外圆弧曲面零件图纸,根据零件图纸技术要求确定加工方案;

2. 制订如图 2-4-1 所示球头销的数控车削加工工艺;

3. 编制如图 2-4-1 所示球头销的数控车削加工工序卡、刀具卡等工艺文件。

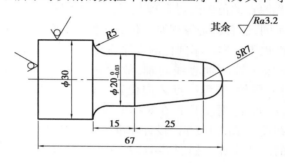

图 2-4-1　球头销

表 2-4-1　球头削加工案例零件数控加工工艺规程

工序号	工序内容	刀具号	刀具名称	主轴转速 /(r·min⁻¹)	进给速度 /(mm·r⁻¹)	背吃刀量 /mm	机床	夹具
1	车右端面保证总长 67 mm	T01	外圆车刀	300	0.1	3	全功能数控车	三爪卡盘
2	粗车、半精车、精车外圆、锥度及球头	T01	外圆车刀	450/900	0.5/0.12	0.5/0.1	全功能数控车	三爪卡盘

能力目标

1. 会零件图形的数学处理及编程尺寸设定值的确定;

2. 会制订轴类带外圆弧曲面零件的数控车削加工工艺;

3. 会编制轴类带外圆弧曲面零件的数控车削加工工艺文件。

相关知识

一、零件图形的数学处理及编程尺寸设定值的确定

数控加工是一种基于数字的加工。分析数控加工工艺过程不可避免地要进行数字分析和计算。对零件图形的数学处理是数控加工这一特点的突出体现。数控编程工艺员在拿到零件图后,必须对它作数学处理,以便最终确定编程尺寸的设定值。

1.编程原点的选择

加工程序中的字大部分是尺寸字,这些尺寸字中的数据是程序的主要内容。同一个零件,同样的加工,由于编程原点选择不同,尺寸字中的数据就会不一样,因此,在编程之前,首先要选定编程原点。从理论上来说,编程原点选在任何位置都是可以的。但实际上,为了换算尽可能简便以及尺寸较为直观(至少让部分点的指令值与零件图上的尺寸值相同),应尽可能将编程原点的位置选得合理些;另外,当编程原点选在不同位置时,对刀的方便性和准确性也不同;还有就是编程原点位置不同时,确定其在毛坯上位置的难易程度和加工余量的均匀性也不一样。车削件的程序原点 X 向一般应取在零件加工表面的回转中心,即装夹后与车床主轴的轴心线同轴,故编程原点位置只在 Z 向作选择。如图 2-4-2所示的 Z 向不对称零件,编程原点 Z 向位置一般在左端面、右端面两者中作选择。如果是左右对称零件,Z 向编程原点应选在对称平面内。一般编程原点的确定原则如下:

①将编程原点选在设计基准上,并以设计基准为定位基准,这样可避免基准不重合而产生的误差及不必要的尺寸换算。如图 2-4-2 所示的圆锥滚子轴承内圈零件,批量生产时,编程原点选在左端面上。

②容易找正对刀,对刀误差小。如图 2-4-2 所示的圆锥滚子轴承内圈零件,若单件生产,用 G92 建立工件坐标系,选零件的右端面为编程原点,可通过试切直接确定编程原点在 Z 向的位置,不用测量,找正对刀较容易,对刀误差小。

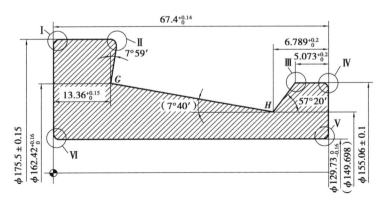

图 2-4-2 圆锥滚子轴承内圈零件简图

③编程方便。如图 2-4-3 所示的典型轴类零件,选零件球面的中心(图中点 O)为编程原点,这样各节点的编程尺寸计算会较方便。

④在毛坯上的位置能够容易、准确地确定,并且各面的加工余量均匀。

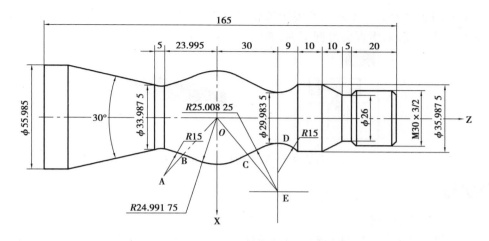

图 2-4-3　典型轴类零件编程原点设定示例

⑤对称零件的编程原点应选在对称中心。一方面可保证加工余量均匀,另一方面可采用镜像编程,编一个程序加工两个工序,零件的轮廓精度高。

具体应用哪条原则,要视具体情况而定。因此,应在保证加工质量的前提下,按操作方便和效率高来选择。

2. 编程尺寸设定值的确定

编程尺寸设定值理论上应为该尺寸误差分散中心,但因事先无法知道分散中心的确切位置,故可先由平均尺寸代替,最后根据试加工结果进行修正,以消除常值系统性误差的影响。

编程尺寸设定值确定的步骤如下:

①精度高的尺寸处理。将基本尺寸换算成平均尺寸。

②几何关系的处理。保持原重要的几何关系,如角度、相切等不变。

③精度低的尺寸的调整。通过修改一般尺寸保持零件原有几何关系,使之协调。

④节点坐标尺寸的计算。按调整后的尺寸计算有关未知节点的坐标尺寸。

⑤编程尺寸的修正。按调整后的尺寸编程并加工一组工件,测量关键尺寸的实际误差分散中心,并求出常值系统性误差,再按此误差对程序尺寸进行调整并修改程序。

二、外圆弧曲面轴类零件数控车削刀具选择

车削圆弧表面或凹槽时,要注意车刀副后刀面是否会与工件已车削轮廓表面干涉问题,如图 2-4-4 所示。

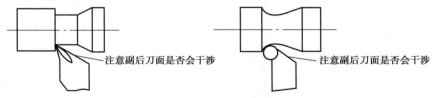

图 2-4-4　注意车刀副后刀面是否会与工件已车削轮廓表面干涉问题

对车刀副后刀面会与工件已车削轮廓表面干涉的,或车削圆弧的圆弧曲率半径较小,容易发生干涉,一般采用直头刀杆车削,如图2-4-5所示。

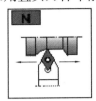 

图2-4-5 直头刀杆车削示例

任务实施

1.加工案例工艺分析

①对如图2-4-1所示的球头销加工案例进行详尽分析,找出该球头销加工工艺有什么不妥之处?

　　a.加工方法选择是否得当。

　　b.夹具选择是否得当。

　　c.刀具选择是否得当。

　　d.加工工艺路线是否得当。

　　e.切削用量是否合适。

　　f.工序安排是否合适。

　　g.机床选择是否得当。

　　h.装夹方案是否得当。

②对上述问题进行分析后,如果有不当的地方,改正过来,提出正确的工艺措施。

③制订正确工艺,并优化工艺。

④填写该球头销加工案例零件的数控加工工序卡、刀具卡,确定装夹方案及计算圆弧曲面圆心坐标。

2.填写数控加工工序卡和刀具卡

填写数控加工工序卡和刀具卡主要引导学生根据选择的机床、刀具、夹具、切削用量及拟订的加工工艺路线,正确填写数控加工工序卡和刀具卡。

1)球头销加工案例零件数控加工工序卡

球头销加工案例零件数控加工工序卡见表2-4-2。

表2-4-2 球头销加工案例零件数控加工工序卡

单位名称		产品名称或代号	零件名称	零件图号
			球头销	
工序号	程序编号	夹具名称	加工设备	车间
		液压三爪卡盘	TK36	数控中心

续表

工步号	工步内容	刀具号	刀具规格/mm	主轴转速/(r·min⁻¹)	进给速度/(mm·r⁻¹)	检测工具	备注
1	车右端面,车后工件67.3 mm	T01	20×20	600	0.3	游标卡尺	
2	粗车外圆及 $R5$, $\phi20$ mm 外径车至 $\phi20.4$ mm,锥度及 $SR7$ mm 球头先车成锥度至右端小头直径 $\phi16.5$ mm, $R5$ 车至 $R4.75$ mm	T01	20×20	600	0.3	游标卡尺	
3	粗车 $SR7$ 球头至 $SR14.2$ mm	T01	20×20	650	0.25	游标卡尺	
4	精车 $SR7$ mm 至尺寸,保证总长67 mm;精车锥面至尺寸,保证锥面总长25 mm,精车 $\phi20$ mm 外径至尺寸,保证 $\phi20_{-0.025}^{0}$ mm 和 $R5$ mm圆弧;保证所有加工面粗糙 Ra 为3.2 μm	T02	20×20	800	0.1	外径千分尺和专用检具	
编制		审核		批准		年　月　日	共　页 第　页

2)球头销加工案例零件数控加工刀具卡

球头销加工案例零件数控加工刀具卡见表2-4-3。

表 2-4-3　球头销加工案例零件数控加工刀具卡

产品名称或代号			零件名称	球头销	零件图号		
序号	刀具号	刀具			加工表面		备注
		规格名称	数量	刀长/mm			
1	T01	外圆车刀	1	实测	端面、外径、圆弧和锥面		刀尖半径1.2 mm
2	T02	外圆车刀	1	实测	端面、外径、圆弧和锥面		刀尖半径0.3 mm
编制		审核		批准		年　月　日	共　页 第　页

3)球头销加工案例零件装夹方案

该案例零件是典型回转体轴类零件,最适合采用三爪卡盘夹紧,因该工件生产批量30件,为提高生产效率,采用液压三爪卡盘配软爪。配软爪目的是避免工件加工夹伤严重。再因该工件左端不用加工,故加工时可夹紧工件左端。在液压三爪卡盘内放置合适的圆盘件或隔套,工件装夹时只需靠紧圆盘件或隔套即可准确轴向定位,实现快速装夹。

4)球头销加工案例零件圆弧曲面圆心坐标计算

该案例零件工件坐标系编程原点设置如图2-4-1所示,按此工件坐标系设置。该案

例零件两圆弧曲面的圆心坐标计算如下:

$SR7$ mm 圆弧的圆心坐标是:$X = 0$ mm,$Z = -7$ mm。

$R5$ mm 圆弧的圆心坐标是:$X = 50$ mm,$Z = -(44 + 20 - 5) - 59$ mm。

任务评价

评价方式见表 2-4-4。

表 2-4-4　评价表

序号	评价标准	学生测评
1	能高质量、高效率地找出如图 2-4-1 所示的球头销加工案例中工艺不合理之处,提出正确的解决方案,并完整、优化地设计如图 2-4-6 所示的球头销零件的数控加工工艺,计算圆弧曲面的圆心坐标,确定毛坯和装夹方案	
2	能在教师的偶尔指导下找出如图 2-4-1 所示的球头销加工案例中工艺设计不合理之处,并提出正确的解决方案	
3	能在教师的偶尔指导下找出如图 2-4-1 所示的球头销加工案例中工艺设计不合理之处,并提出基本正确的解决方案	
4	能在教师的指导下找出如图 2-4-1 所示的球头销加工案例中工艺设计不合理之处	
等级:优秀;良好;中等;合格		

巩固与提高

将如图 2-4-1 所示的球头销加工案例零件的加工要求改成如图 2-4-6 所示的加工要求,其他不变。试确定毛坯尺寸,设计其数控加工工艺,计算圆弧曲面的圆心面的圆心坐标,并确定装夹方案。

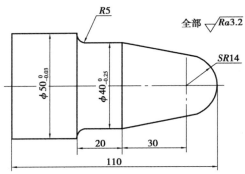

图 2-4-6　球头销

任务五 螺纹零件数控车削加工工艺编制

任务描述

1. 分析图纸,确定螺纹加工方法;

2. 制订如图 2-5-1 所示联接轴(带螺纹)的数控车削加工工艺;

3. 编制如图 2-5-1 所示联接轴(带螺纹)的数控车削加工工序卡、刀具卡等工艺文件。

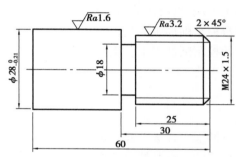

图 2-5-1 联接轴(带螺纹)

完成如图 2-5-1 所示联接轴(带螺纹)加工案例零件的数控车削加工,具体设计该联接轴的数控加工工艺。该联接轴(材料为 45 钢,批量 60 件)零件毛坯尺寸为 $\phi32$ mm × 64 mm。

表 2-5-1 联接轴加工案例零件数控加工工艺规程

工序号	工序内容	刀具号	刀具名称	主轴转速 /(r·min⁻¹)	进给速度 /(mm·r⁻¹)	背吃刀量 /mm	机床	夹具
1	车右端面	T01	外圆车刀	300	0.1	2	经济型数控车	三爪卡盘
2	粗精车 M24×1.5 外径至 $\phi24$ mm	T01	外圆车刀	900/550	0.12/0.5	0.1/0.5	经济型数控车	三爪卡盘
3	车 M24×1.5 螺纹	T02	螺纹车刀	900	1.5	2	经济型数控车	三爪卡盘
4	切 5×$\phi18$ 槽	T03	切断刀	800	0.3	2.9	经济型数控车	三爪卡盘

续表

工序号	工序内容	刀具号	刀具名称	主轴转速 /(r·min⁻¹)	进给速度 /(mm·r⁻¹)	背吃刀量 /mm	机 床	夹具
5	车左端面	T01	外圆车刀	900	0.1	2	经济型数控车	三爪卡盘
6	粗精车 ϕ28 mm 外径至尺寸	T01	外圆车刀	800/550	0.15/0.3	0.1/0.5	经济型数控车	三爪卡盘

能力目标

1. 会确定螺纹车削的加工方法、进给次数与背吃刀量;
2. 会制订带螺纹零件的数控车削加工工艺;
3. 会编制带螺纹零件的数控车削加工工艺文件。

相关知识

一、螺纹加工工艺

车削螺纹是数控车床常见的加工任务。螺纹加工是由刀具的直线运动和主轴按预先输入的比例转数同时运动而形成的。车削螺纹使用的刀具是成形刀具。其螺距和尺寸精度受机床精度的影响,牙型精度由刀具几何精度来保证。

螺纹车削通常需要多次进刀才能完成。由于螺纹刀具是成形刀具,因此,刀刃与工件接触线较长,切削力较大。切削力过大,会损坏刀具,或在切削中引起振颤。在这种情况下,为避免切削力过大,可采用"侧向切入法",又称"斜进法",如图 2-5-2(b)所示。一般情况下,当螺距小于 3 mm 时,可采用"径向切入法",又称"直进法",如图 2-5-2(a)所示。

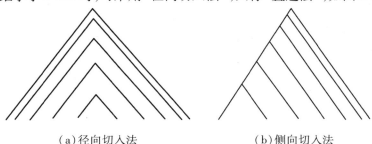

(a)径向切入法　　　　　　　　(b)侧向切入法

图 2-5-2 螺纹车削方法

径向切入法与侧向切入法在数控车床编程系统中一般有相应的指令,车削圆柱螺纹进刀方向应垂直于主轴轴线。

径向切入法由于车削时两侧刃同时参与切削,切削力较大,排屑困难,因此,在切削时,两切削刃容易磨损,故加工过程中要勤测量与检验。径向切入法在车削螺距较大的螺纹时,由于切削深度较深,两切削刃磨损较快,容易造成螺纹中径产生偏差,但是径向切入

法加工的牙型精度较高,一般多用于小螺距螺纹加工。

侧向切入法车削时单侧刃参与切削,因此参与切削的侧刃容易磨损和损伤,使加工的螺纹面不直,刀尖角发生变化,造成牙型精度较差。由于侧向切入法只有单侧刃参与切削,刀具切削负载较小,排屑容易,并且切削深度为递减式。因此,侧向切入法一般用于大螺距螺纹加工。在加工较高精度的螺纹时,可采用两刀加工完成,既先用侧向切入法进行粗车,然后用径向切入法进行精车。另侧向切入法由于车削时切削力较小,常用于加工不锈钢等难加工材料的螺纹。

由于车螺纹时的切削力大,容易引起工件弯曲。因此,工件上的螺纹一般是在半精车以后车削的。螺纹车好后,再精车各段外圆。

二、螺纹牙型高度(螺纹总切深)的确定

螺纹牙型高度是指在螺纹牙型上,牙顶到牙底之间垂直于螺纹轴线的距离。它是车削螺纹时螺纹车刀片的总切入深度。

根据普通螺纹国家标准规定,普通螺纹的牙型理论高度 $H = 0.866p$,但实际加工时,由于螺纹车刀刀尖半径的影响,螺纹的实际切深会有变化。GB/T 197—2003 规定,螺纹车刀可在牙底最小削平高度 $H/8$ 处削平或倒圆,则螺纹实际牙型高度可计算为

$$h = H - 2(H/8) = 0.649\ 5p$$

式中　　H——螺纹原始三角形高度,$H = 0.866p$;

　　　　P——螺距。

三、车削螺纹时轴向进给距离的确定

在数控车床上车螺纹时,车刀沿螺纹方向的 Z 向进给应与车床主轴的旋转保持严格的速比关系。考虑到车刀从停止状态达到指定的进给速度或从指定的进给速度降至零,数控车床进给伺服系统有一个很短的过渡过程,因此,应避免在数控车床进给伺服系统加速或减速的过程中切削。沿轴向进给的加工路线长度,除保证加工螺纹长度外,还应增加 δ_1(2 ~ 5 mm)的刀具引入距离和 δ_2(1 ~ 2 mm)的刀具切出距离,如图 2-5-3 所示。这样,在切削螺纹时,能保证在升速后使刀具接触工件,刀具离开工件后再降速。

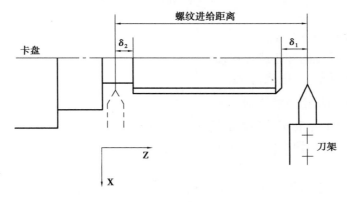

图 2-5-3　车螺纹时的引入、切出距离

四、螺纹加工与螺纹车刀和螺纹车刀片

1. 内外螺纹加工

回转体类零件常见内外螺纹加工如图 2-5-4 所示。

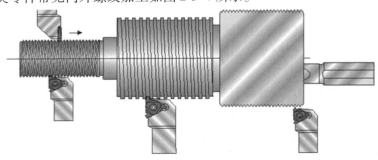

图 2-5-4　内外螺纹切削加工

2. 常见外螺纹车刀与螺纹车刀片

常见外螺纹车刀与螺纹车刀片如图 2-5-5 所示。

（a）常见外螺纹车刀　　　　　（b）螺纹车刀片

图 2-5-5　螺纹车刀和刀片

五、车削螺纹时主轴转速的确定

不同的数控系统车螺纹时推荐使用不同的主轴转速范围。大多数普通型数控车床的数控系统推荐车螺纹时的主轴转速为

$$n \leqslant \frac{1\ 200}{p} - k$$

式中　n——主轴转速,r/min;

　　　p——工件螺纹的螺距或导程,mm;

　　　k——保险系数,一般取为 80。

六、车削螺纹时应遵循的原则

①在保证生产效率和正常切削的情况下,宜选择较低的主轴转速。

②当螺纹加工程序段中的导入长度 δ_1 和切出长度 δ_2 较充裕时,可选择适当高一些的主轴转速。

③当编码器所规定的允许工作转速超过机床所规定主轴的最大转速时,则可选择尽量高一些的主轴转速。

④通常情况下,车螺纹时主轴转速应按其机床或数控系统说明书中规定的计算式进

行确定。

⑤牙型较深、螺距较大时,可分数次进给,每次进给的背吃刀量用螺纹深度减去精加工背吃刀量所得之差按递减规律分配。

常用公制与英制螺纹切削的进给次数与背吃刀量见表 2-5-2。

表 2-5-2 常用公制与英制螺纹切削的进给次数与背吃刀量

公制螺纹								
螺距/mm		1.0	1.5	2	2.5	3	3.5	4
牙深(半径量)		0.649	0.974	1.299	1.624	1.949	2.273	2.598
切削次数及背吃刀量	1 次	0.7	0.8	0.9	1.0	1.2	1.5	1.5
	2 次	0.4	0.6	0.6	0.7	0.7	0.7	0.8
	3 次	0.2	0.4	0.6	0.6	0.6	0.6	0.6
	4 次		0.16	0.4	0.4	0.4	0.6	0.6
(直径量)	5 次		0.1	0.4	0.4	0.4	0.4	0.4
	6 次			0.15	0.4	0.4	0.4	0.4
	7 次				0.2	0.2	0.4	0.4
	8 次						0.15	0.3
	9 次							0.2
英制螺纹								
牙/in		24	18	16	14	12	10	8
牙深(半径量)		0.678	0.904	1.016	1.162	1.355	1.626	2.033
切削次数及背吃刀量	1 次	0.8	0.8	0.8	0.8	0.9	1.0	1.2
	2 次	0.4	0.6	0.6	0.6	0.6	0.7	0.7
	3 次	0.16	0.3	0.5	0.5	0.6	0.6	0.6
(直径量)	4 次		0.11	0.14	0.3	0.4	0.4	0.5
	5 次				0.13	0.21	0.4	0.5
	6 次						0.16	0.4
	7 次							0.17

任务实施

1.加工案例工艺分析

①对如图 2-4-1 所示的球头销加工案例进行详尽分析,找出该球头销加工工艺有什么不妥之处。

a.加工方法选择是否得当。

b. 夹具选择是否得当。

c. 刀具选择是否得当。

d. 加工工艺路线是否得当。

e. 切削用量是否合适。

f. 工序安排是否合适。

g. 机床选择是否得当。

h. 装夹方案是否得当。

②对上述问题进行分析后,如果有不当的地方,改正过来,提出正确的工艺措施。

③制订正确工艺,并优化工艺。

④填写该球头销加工案例零件的数控加工工序卡、刀具卡,确定装夹方案及计算圆弧曲面圆心坐标。

2. 加工案例零件加工工艺与装夹方案

1)联接轴(带螺纹)加工案例零件数控加工工序卡

联接轴(带螺纹)加工案例零件数控加工工序卡见表 2-5-3。

表 2-5-3　联接轴加工案例零件数控加工工序卡

单位名称		产品名称或代号	零件名称	零件图号
			联接轴	
工序号	程序编号	夹具名称	加工设备	车间
		液压三爪卡盘 + 软爪	TK36	数控中心
工步号	工步内容	刀具号	刀具规格 /mm	主轴转速 /(r·min⁻¹)	进给速度 /(mm·r⁻¹)	检测工具	备注
1	车左端面,保证表面粗糙度 Ra 为 6.3 μm	T01	20 × 20	800	0.2	表面粗糙度标准块	
2	粗精车 ϕ28 mm 外径,车削长度 32 mm,保证 ϕ28 $_{-0.01}^{0}$ mm 和表面粗糙度 Ra 为 1.6 μm	T01	20 × 20	800/900	0.25/0.15	外径千分尺	
3	车右端面,保证长度尺寸 60 mm 和表面粗糙度 Ra 为 6.3 μm	T01	20 × 20	800	0.2	游标卡尺	掉头装夹车,防夹伤
4	粗车倒角及 M24 × 1.5 外径至 ϕ24.1 mm,车削长度 29.8 mm	T01	20 × 20	820	0.25	游标卡尺	分两次粗车
5	切 5 × ϕ18 槽保证表面粗糙度 Ra 为 6.3 μm	T02	20 × 20	450	0.15	游标卡尺	

续表

工步号	工步内容	刀具号	刀具规格/mm	主轴转速/(r·min⁻¹)	进给速度/(mm·r⁻¹)	检测工具	备注
6	精车倒角及 M24×1.5 外径至 ϕ23.95 mm,保证长度 30 mm 和表面粗糙度 Ra 为 3.2 μm	T01	20×20	920	0.15	游标卡尺	
7	粗精车 M24×1.5 螺纹	T03	20×20	400	1.5	螺纹环规	分 5~6 刀车削
编制		审核		批准		年　月　日	共　页　第　页

2)联接轴(带螺纹)加工案例零件数控加工刀具卡

联接轴(带螺纹)加工案例零件数控加工刀具卡见表2-5-4。

表 2-5-4　联接轴加工案例零件数控加工刀具卡

产品名称或代号			零件名称	联接轴	零件图号	
序号	刀具号	刀　具			加工表面	备　注
		规格名称	数量	刀长/mm		
1	T01	右手外圆车刀	1	实测	端面、外径、倒角	刀尖半径 0.3 mm
2	T02	3 mm 切槽刀	1	实测	槽	
3	T03	螺纹车刀	1	实测	M24×1.5 螺纹	螺距 1.5 mm 刀片
编制		审核		批准	年　月　日	共　页　第　页

3)联接轴加工案例零件装夹方案

该案例零件右边有 M24×1.5 螺纹,若用三爪卡盘夹紧先车螺纹外径、螺纹及切槽,则掉头时夹螺纹外径,会夹伤已车螺纹,故只能先车左边外径及端面。再因车螺纹及切槽切削力较大,且该案例零件批量 60 件,若掉头总是在工件已车外圆包铜皮,会影响生产效率。因此,该工件夹紧采用液压三爪卡盘配软爪,先在软爪夹紧状态自车三软爪形成的内圆弧至 ϕ27.95 mm 后,先夹工件右边,以自车的内圆弧软爪台阶轴向定位。此时,三爪卡盘夹紧工件接触面积为 6 条线接触,也比无自车软爪 3 条线接触面积大。左边端面、外圆加工好后,掉头夹已加工好的左边外圆。夹紧时,软爪轻微变形使软爪圆弧面全夹紧在 ϕ28 mm 的外圆上,夹紧面积大,不会夹伤工件,且装夹效率高。

任务评价

评价方式见表2-5-5。

表 2-5-5 评价表

序 号	评价标准	学生测评
1	能高质量、高效率地找出如图 2-5-1 所示的联接轴(带螺纹)加工案例中工艺不合理之处,提出正确的解决方案,并完整、优化地设计如图 2-5-6 所示的传动联接轴零件的数控加工工艺,确定装夹方案	
2	能在教师的偶尔指导下找出如图 2-5-1 所示的联接轴(带螺纹)加工案例中工艺设计不合理之处,并提出正确的解决方案	
3	能在教师的偶尔指导下找出如图 2-5-1 所示的联接轴(带螺纹)加工案例中工艺设计不合理之处,并提出基本正确的解决方案	
4	能在教师的指导下找出如图 2-5-1 所示的联接轴(带螺纹)加工案例中工艺设计不合理之处	
等级:优秀;良好;中等;合格		

巩固与提高

如图 2-5-6 所示的传动联接轴加工案例零件,材料为 45 钢,批量 20 件。试确定毛坯尺寸,设计其数控加工工艺,并确定装夹方案。

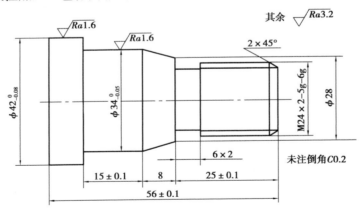

图 2-5-6 传动联接轴加工案例零件

任务六　盘类零件数控车削加工工艺编制

任务描述

1. 分析如图 2-6-1 所示齿轮坯零件的数控车削加工工艺；

2. 编制如图 2-6-1 所示齿轮坯零件的数控车削加工工序卡、刀具卡等工艺文件。

完成如图 2-6-1 所示齿轮坯加工案例零件的数控车削加工，具体设计该光轴的数控加工工艺。

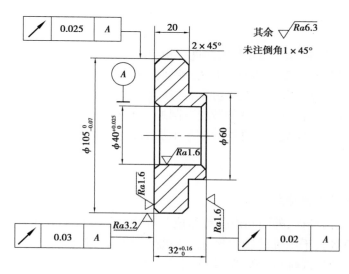

图 2-6-1　齿轮坯加工案例零件

齿轮坯加工案例零件说明：该齿轮坯加工案例零件材料为 45 钢，生产批量 5 件，毛坯尺寸为 $\phi110$ mm×36 mm。其加工工艺规程见表 2-6-1。

表 2-6-1　齿轮坯加工案例零件数控加工工艺规程

工序号	工序内容	刀具号	刀具名称	主轴转速 /(r·min⁻¹)	进给速度 /(mm·r⁻¹)	背吃刀量/mm	机床	夹具
1	粗精车右端面	T01	外圆刀	300/600	0.1/0.25	2/0.5	数车	三爪卡盘
2	粗精车 $\phi60$ mm 外径和长度12 至尺寸，倒大外角	T01	外圆刀	1 000/500	0.12/03	1/1.5	数车	三爪卡盘
3	粗精车内孔 $\phi12$ 至尺寸，孔口倒角	T02	镗刀	800/300	0.1/0.2	0.5/0.8	数车	三爪卡盘

续表

工序号	工序内容	刀具号	刀具名称	主轴转速/(r·min^{-1})	进给速度/(mm·r^{-1})	背吃刀量/mm	机床	夹具
4	粗车左端面	T03	外圆刀	350	0.1	2	数车	三爪卡盘
5	精车左端面,保证总长尺寸,孔口倒角,倒大外角	T01	外圆刀	300	0.25	0.5	数车	三爪卡盘
6	粗精车 ϕ105 mm 外径至尺寸	T01	外圆刀	600/400	0.15/0.25	0.5/1	数车	三爪卡盘

能力目标

1.会分析回转体盘类零件的图纸,并进行相应的工艺处理;

2.会选择回转体盘类零件的加工方法,并划分加工工序;

3.会确定回转体盘类零件的装夹方案,选择合适的加工刀具;

4.会制订简易回转体盘类零件的数控车削加工工艺;

5.会编制简易回转体盘类零件的数控车削加工工艺文件。

相关知识

一、盘类零件的工艺特点

盘类零件主要由端面、外圆和内孔等组成。有些盘类零件还分布有一些大小不一的孔系,一般零件直径大于零件的轴向尺寸。一般盘类零件除尺寸精度、表面粗糙度要求外,其外圆对孔有径向圆跳动的要求,端面对孔有端面圆跳动和垂直度的要求,外圆与内孔间有同轴度要求及两端面之间的平行度要求等。保证径向圆跳动和端面圆跳动是制订盘套类零件工艺重点要考虑的问题。精车时,尽可能把有形位精度要求的外圆、孔、端面在一次安装中全部加工完。若有形位精度要求的表面不可能在一次安装中完成时,通常首先把孔作出,然后以孔定位上心轴或弹簧心轴加工外圆或端面。

二、加工盘类零件的常用夹具

加工小型盘类零件常采用三爪卡盘装夹工件。若有形位精度要求的表面不能在三爪卡盘安装中加工完成时,通常内孔精加工完成后,然后以孔定位上心轴或弹簧心轴加工外圆或端面,保证形位精度要求。加工大型盘类零件时,常采用四爪卡盘或花盘装夹工件。三爪卡盘和四爪卡盘装夹工件在项目一已学习并熟悉,下面介绍心轴和花盘。

1.心轴

当工件用已加工过的孔作为定位基准,并能保证外圆轴线和内孔轴线的同轴度要求时,可采用心轴装夹,这种装夹方法可保证工件内外表面的同轴度。心轴的种类很多,工件以圆柱孔定位常用圆柱心轴和小锥度心轴;对带有锥孔、螺纹孔、花键孔的工件定位,常用相应的锥体心轴、螺纹心轴和花键心轴。圆锥心轴或锥体心轴定心轴或锥体心轴定位装夹时与工件的接触情况如图 2-6-2 和图 2-6-3 所示。

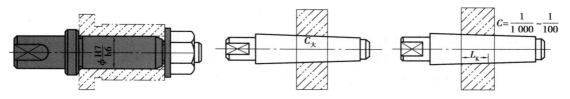

图 2-6-2　工件在圆柱心轴上定位装夹

（a）锥度太大　　　　　（b）锥度合适

图 2-6-3　圆锥心轴安装工件的接触情况

　　圆柱心轴是以外圆柱面定心、端面压紧来装夹工件的。心轴与工件孔一般用 H7/h6，H7/g6 间隙配合，故工件能很方便地套在心轴上。但是，因配合间隙较大，故一般只能保证同轴度 0.02 mm 左右。为了消除间隙，提高心轴定位精度，心轴可做成锥体，但锥体的锥度很小，否则工件在心轴上会产生歪斜，常用的锥度为 $C = 1/1\ 000 \sim 1/100$。定位时，工件楔紧在心轴上，楔紧后孔会产生弹性变形，从而使工件不致倾斜。

　　当工件直径较大时，则应采用带有压紧螺母的圆柱心轴，它的夹紧力较大，但定位精度较锥度心轴低。

　　2. 花盘

　　花盘是安装在车床主轴上的一个大圆盘。形状不规则的工件，无法使用三爪或四爪卡盘装夹的工件，可用花盘装夹。它也是加工大型盘套类零件的常用夹具。花盘上面开有若干个 T 形槽，用于安装定位元件、夹紧元件和分度元件等辅助元件，可加工形状复杂盘套类零件或偏心类零件的外圆、端面和内孔等表面。用花盘装夹工件时，要注意平衡，应采用平衡装置以减少由离心力产生的振动及主轴轴承的磨损。一般平衡措施有两种：一种是在较轻的一侧加平衡块（配重块），其位置距离回转中心越远越好；另一种是在较重的一侧加工减轻孔，其位置距离回转中心越近越好，平衡块的位置和质量最好可以调节。花盘如图 2-6-4 所示，在花盘上装夹工件及其平衡如图 2-6-5 所示。

垫铁
压板
螺栓
螺栓槽
工件

平衡铁

图 2-6-4　花盘　　　　　图 2-6-5　在花盘上装夹工件及平衡

三、内孔(圆)加工刀具

1. 内孔(圆)车刀

内孔(圆)车刀与外径(圆)车刀、端面车刀、外螺纹车刀和外切槽刀、切断刀刀杆形状不一样,外径(圆)车刀、端面车刀、外螺纹车刀和外切槽刀、切断刀刀杆形状呈四方形,而内孔(圆)车刀刀杆形状呈圆柱形,且装夹内孔(圆)车刀时,一般必须在刀杆上套一个弹簧夹套,再用刀夹通过弹簧夹套夹住内孔(圆)车刀。常见内孔(圆)车刀、刀片与弹簧夹套如图2-6-6所示。

图2-6-6　常用内孔(圆)车刀、刀片与弹簧夹套

2. 内切槽车刀

内切槽车刀与内孔(圆)车刀一样,刀杆形状呈圆柱形。装夹内切槽车刀时,一般也必须在刀杆上套一个弹簧夹套,再用刀夹通过弹簧夹套夹住内切槽车刀,刀片与外切槽车刀片一样。常见内切槽车刀如图2-6-7所示。

图2-6-7　内切槽车刀

3. 内螺纹车刀

内螺纹车刀也与内切槽车刀一样,刀杆形状呈圆柱形。装夹内螺纹车刀时,一般必须在刀杆上套一个弹簧夹套,再用刀夹通过弹簧夹套夹住内螺纹车刀,刀片与外螺纹车刀片一样。常见内螺纹车刀如图2-6-8所示。

任务实施

1. 零件图纸工艺分析

①对如图2-6-1所示的齿轮坯加工案例零件进行详尽分析,找出该齿轮坯加工工艺有什么不妥之处。

a. 加工方法选择是否得当。

b. 夹具选择是否得当。

c. 刀具选择是否得当。

d. 加工工艺路线是否得当。

e. 切削用量是否合适。

f. 工序安排是否分选。

g. 机床选择是否得当。

h. 装夹方案是否得当。

②对上述问题进行分析后,如果有不当的地方,改正过来,提出正确的工艺措施。

③制订正确工艺,并优化工艺。

④填写该齿轮坯加工案例零件的数控加工工序卡、刀具卡,确定装夹方案。

图 2-6-8　内螺纹车刀

2. 加工案例零件加工工艺与装夹方案

1）齿轮坯加工案例零件数控加工工序卡

齿轮坯加工案例零件数控加工工序卡见表 2-6-2。

表 2-6-2　齿轮坯加工案例零件数控加工工序卡

单位名称		产品名称或代号	零件名称	零件图号
			齿轮坯	
工序号	程序编号	夹具名称	加工设备	车间
		三爪卡盘	TK36	数控实训中心

工步号	工步内容	刀具号	刀具规格 /mm	主轴转速 /(r·min^{-1})	进给速度 /(mm·r^{-1})	检测工具	备注
1	粗精车右端面至总长 34.6 mm	T01	20×25	350	0.3	表面粗糙度标准块	
2	粗车 ϕ60 mm 外径至 ϕ62 mm × 11 mm	T01	20×25	350	0.25	游标卡尺	
3	粗精车左端面至总长 33 mm,表面粗糙度 Ra 为 1.6 μm	T01	20×25	370	0.3/0.15	游标卡尺	掉头装夹
4	粗精车 ϕ105 mm 外径至尺寸,保证 ϕ105$_{-0.07}^{0}$ mm	T01	25×25	380	0.3/0.15	外径千分尺	
5	粗车、半精车、精车 ϕ40 mm 内孔至尺寸,保证 ϕ40$_{0}^{+0.025}$ mm	T02	ϕ20	850	0.25/0.12	内径千分尺	
6	左端内孔 1×45° 和大外角 2×45° 倒角	T03	20×25	360	0.2	游标卡尺	
7	精车 ϕ60 mm 外径和台肩面 20 mm 至尺寸	T01	20×25	400	0.2	游标卡尺	掉头装夹

续表

工步号	工步内容	刀具号	刀具规格/mm	主轴转速/(r·min⁻¹)	进给速度/(mm·r⁻¹)	检测工具	备注
8	半精车右端面至总长32.3 mm	T01	20×25	500	0.15	游标卡尺	
9	右端内孔、外圆倒角1×45°和大外角2×45°倒角	T03	20×25	360	0.2	游标卡尺	
10	精车右端面,保证总长32 mm	T01	20×25	550	0.08	带表游标卡尺	锥度心轴+顶针
编制		审核		批准	年　月　日	共　页	第　页

2）齿轮坯加工案例零件数控加工刀具卡

齿轮坯加工案例零件数控加工刀具卡见表2-6-3。

表2-6-3　齿轮坯加工案例零件数控加工刀具卡

产品名称或代号			零件名称	齿轮坯	零件图号	
序号	刀具号	刀具			加工表面	备注
		规格名称	数量	刀长/mm		
1	T01	右手外圆车刀	1	实测	端面、外径	刀尖半径0.8 mm
2	T02	φ20内孔车刀	1	实测	内孔	刀尖半径0.8 mm
3	T03	45°端面车刀	1	实测	倒角	
编制		审核		批准	年　月　日	共　页　第　页

3）齿轮坯加工案例零件装夹方案

该案例零件由端面、外圆和内孔等组成。零件直径尺寸比轴向长度大很多,两端面对内孔和外圆对内孔都有径向圆跳动要求,是典型盘类零件。因零件试制生产5件,为保证零件加工的形位精度要求,该齿轮坯装夹加工时,首先用三爪卡盘夹紧工件左端(在三爪卡盘内放置合适的圆盘件或隔套,工件装夹时只需靠紧圆盘件或隔套即可准确轴向定位),粗车右端面和φ60外径,掉头装夹φ60外径,以已车台肩端面轴向定位,粗精车左端面、内孔、外圆和倒角。再掉头装夹已精车φ105外径(在三爪卡盘内放置合适的圆盘件或隔套,工件装夹时只需靠紧圆盘件或隔套即可准确轴向定位),

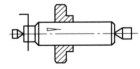

图2-6-9　锥度心轴和顶针装夹工件示意图

但为防止已精车φ105外径夹伤,可考虑在工件φ105已精车表面夹持位包一层铜皮,防止工件夹伤。因垫铜皮且为保证工件夹正,以免夹歪,用百分表找正工件后,精车φ60外径和台肩面20长度至尺寸,然后半精车右端面和内孔孔口及大外角倒角。最后用锥度心轴和顶针装夹工件,用卡箍带动工件旋转,精车右端面,保证长度尺寸。具体用锥度心轴和顶针装夹工件如图2-6-9所示。

任务评价

评价方式见表2-6-4。

表2-6-4 评价表

序号	评价标准	学生测评
1	能高质量、高效率地找出如图2-6-1所示的齿轮坯加工案例中工艺不合理之处,提出正确的解决方案,并完整、优化地设计如图2-6-10所示的齿轮坯加工案例零件的数控加工工艺,确定装夹方案	
2	能在教师的偶尔指导下找出如图2-6-1所示的齿轮坯加工案例中工艺设计不合理之处,并提出正确的解决方案	
3	能在教师的偶尔指导下找出如图2-6-1所示的齿轮坯加工案例中工艺设计不合理之处,并提出基本正确的解决方案	
4	能在教师的指导下找出如图2-6-1所示的齿轮坯加工案例中工艺设计不合理之处	
等级:优秀;良好;中等;合格		

巩固与提高

按所学的知识设计如图2-6-10所示齿轮坯的数控加工工艺,并确定装夹方案。

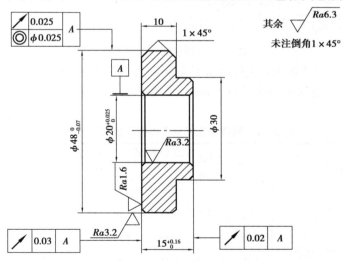

图2-6-10 齿轮坯加工案例零件

任务七 套类零件数控车削加工工艺编制

任务描述

1. 分析如图 2-7-1 所示隔套加工案例零件,确定正确的数控车削加工工艺;

2. 编制如图 2-7-1 所示隔套的数控车削加工工序卡、刀具卡等工艺文件。

完成如图 2-7-1 所示隔套加工案例零件的数控车削加工,具体设计该隔套的数控加工工艺。

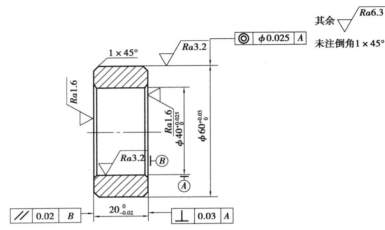

图 2-7-1 隔套加工案例零件

隔套加工案例零件说明:该光轴加工案例零件材料为 45 钢,毛坯尺寸为 $\phi 64 \mathrm{mm} \times 23 \mathrm{mm}$,隔套内孔已用钻床钻孔至 $\phi 35 \mathrm{mm}$。该隔套加工案例零件的数控加工工艺规程见表 2-7-1。

表 2-7-1 隔套加工案例零件数控加工工艺规程

工序号	工序内容	刀具号	刀具名称	主轴转速 /(r·min^{-1})	进给速度 /(mm·r^{-1})	背吃刀量 /mm	机床	夹具
1	粗精车右端面	T01	右手刀	300/400	0.1/0.2	1/0.5	TK36 数车	三爪卡盘
2	粗精车外圆,保证外圆尺寸	T01	右手刀	800/500	0.15/0.25	1.2/0.8	TK36 数车	三爪卡盘
3	粗精车左端面,保证总长	T01	右手刀	500/600	0.1/0.2	1/0.5	TK36 数车	三爪卡盘

续表

工序号	工序内容	刀具号	刀具名称	主轴转速 /(r·min^{-1})	进给速度 /(mm·r^{-1})	背吃刀量 /mm	机床	夹具
4	粗精车内孔,保证内孔尺寸	T02	内孔车刀	400/500	0.15/0.25	1.5/0.5	TK36数车	三爪卡盘
5	左端面孔口和外圆倒角	T01	右手刀	900	0.5	0.1	TK36数车	三爪卡盘
6	右端面孔口和外圆倒角	T01	右手刀	900	0.5	0.1	TK36数车	三爪卡爪

能力目标

1. 会分析回转体套类零件图纸,并进行相应的工艺处理;
2. 会选择回转体套类零件加工方法,并划分加工工序;
3. 会确定回转体套类零件装夹方案,选择合适的加工刀具;
4. 会制订简易回转体套类零件的数控车削加工工艺;
5. 会编制简易回转体套类零件的数控车削加工工艺文件。

相关知识

一、套类零件的加工工艺特点及毛坯选择

1. 套类零件的工艺特点

套类零件在机器中主要起支承和导向的作用。它一般主要由有较高同轴度要求的内外圆表面组成。一般套类零件的主要技术要求如下:

①内孔及外圆的尺寸精度、表面粗糙度以及圆度要求。

②内外圆之间的同轴度要求。

③孔轴线与端面的垂直度要求。

薄壁套类零件壁厚很薄,径向刚度很弱,在加工过程中受切削力、切削热及夹紧力等因素的影响,极易变形,导致以上各项技术要求难以保证。装夹加工时,必须采取相应的预防与纠正措施,以避免加工时引起工件变形,或因装夹变形加工后变形恢复,造成已加工表面变形,加工精度达不到图纸技术要求。

2. 加工套类零件的加工工艺原则

①粗、精加工应分开进行。

②尽量采用轴向压紧,如采用径向夹紧应使径向夹紧力分布均匀。

③热处理工序应安排在粗、精加工之间进行。

④中小型套类零件的内外圆表面及端面,应尽量在一次安装中加工出来。

⑤在安排孔和外圆加工顺序时,应尽量采用先加工内孔,然后以内孔定位加工外圆的加工顺序。

⑥车削薄壁套类零件时,车削刀具选择较大的主偏角,以减小背向力,防止加工工件变形。

3. 毛坯选择

套类零件的毛坯主要根据零件材料、形状结构、尺寸大小及生产批量等因素来选择。孔径较小时,可选棒料,也可采用实心铸件;孔径较大时,可选用带预孔的铸件或锻件,壁厚较小且较均匀时,还可选用管料;当生产批量较大时,还可采用冷挤压和粉末冶金等先进毛坯制造工艺,可在毛坯精度提高的基础上提高生产率,节约用材。套类零件材料一般选用钢、铸铁、青铜或者黄铜等。

二、套类零件的定位与装夹方案

1. 套类零件的定位基准选择

套类零件的主要定位基准为内外圆中心。外圆表面与内孔中心有较高的同轴度要求时,加工中常互为基准反复装夹加工,以保证零件图纸技术要求。

2. 套类零件的装夹方案

①套类零件的壁厚较大,零件以外圆定位时,可直接采用三爪卡盘装夹,零件轴向尺寸较小时,可与已加工过的端面组合定位装夹,如采用反爪装夹;工件较长时,可加顶尖装夹,再根据工件长度,确定是否再加中心架或跟刀架,采用"一夹一托"法装夹。

②套类零件以内孔定位时,可采用心轴装夹(圆柱心轴、可胀式心轴);当零件的内、外圆同轴度要求较高时,可采用小锥度心轴装夹。当工件较长时,可在两端孔口各加工出一小段60°锥面,用两个圆锥对顶定位装夹。

③当套类零件壁厚较小时,即薄壁套类零件,直接采用三爪卡盘装夹会引起工件变形,可采用轴向装夹、刚性开缝套筒装夹和圆弧软爪装夹等办法。

A. 轴向装夹法

轴向装夹法就是将薄壁套类零件由径向夹紧改为轴向夹紧法,如图 2-7-2 所示。

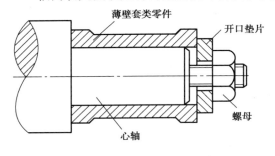

图 2-7-2　工件轴向夹紧示意图

B. 刚性开缝套筒装夹法

薄壁套类零件采用三爪自定心卡盘装夹,如图 2-7-3 所示。零件只受到 3 个爪的夹紧力,夹紧接触面积小,夹紧力不均衡,容易使零件发生变形。采用如图 2-7-4 所示的刚性开缝套筒装夹,夹紧接触面积大,夹紧力较均衡,不容易使零件发生变形。

C. 圆弧软爪装夹法

当被加工薄壁套类零件以三爪卡盘外圆定位装夹时,采用内圆弧软爪装夹定位工件的方法,详见项目一所述。

当被加工薄壁套类零件以内孔(圆)定位装夹(涨内孔)时,可采用外圆弧软爪装夹,在数控车床上装刀根据加工工件内孔大小自车外圆弧软爪,如图 2-7-5 所示。

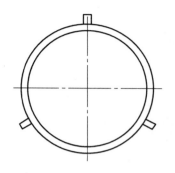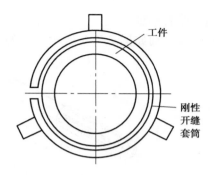

图 2-7-3　三爪自定心卡盘装夹示意图　　　图 2-7-4　刚性开缝套筒装夹示意图

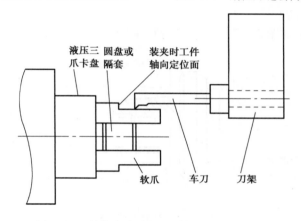

图 2-7-5　数控车自车加工外圆弧软爪示意图

　　加工软爪时,要在与使用时相同的夹紧状态下进行车削,以避免加工过程中松动和因卡爪反向间隙而引起定心误差。车削时,要在靠卡盘处夹适当的圆盘料,以消除卡盘端面螺纹的间隙。自车加工的三外圆弧软爪所形成的外圆弧直径大小应比用来定心装夹的工件内孔直径略大一点,其他与项目一所述自行车加工内圆弧软爪的要求一样。

　　套类零件的尺寸较小时,尽量在一次装夹下加工出较多表面,既减小装夹次数及装夹误差,又容易获得较高的形位精度。

　　3.加工套类零件的常用夹具

　　加工中小型套类零件的常用夹具有手动三爪卡盘、液压三爪卡盘和心轴等;加工中大型套类零件的常用夹具有四爪卡盘和花盘,这些夹具在前面已介绍,不再赘述。这里再介绍加工中小型套类零件常用的弹簧心轴夹具。

　　当工件用已加工过的孔作为定位基准,并能保证外圆轴线和内孔轴线的同轴度要求时,常采用弹簧心轴装夹。这种装夹方法可保证工件内外表面的同轴度,较适合用于批量生产。弹簧心轴(又称涨心心轴)既能定心,又能夹紧,是一种定心夹紧装置。弹簧心轴一般分为直式弹簧心轴和台阶式弹簧心轴。

1）直式弹簧心轴

直式弹簧心轴如图 2-7-6 所示。它的最大特点是直径方向上膨胀较大，为 1.5 ~ 5 mm。

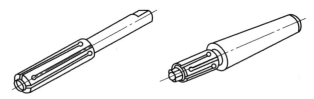

图 2-7-6　直式弹簧心轴

2）台阶式弹簧心轴

台阶式弹簧心轴如图 2-7-7 所示。它的膨胀量较小，一般为 1.0 ~ 2.0 mm。

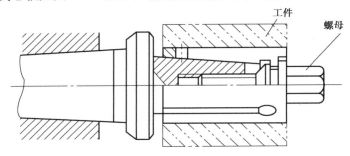

图 2-7-7　台阶式弹簧芯轴

任务实施

1. 加工案例工艺分析

①对如图 2-7-1 所示隔套加工案例零件进行详尽分析,找出该隔套加工工艺有什么不妥之处。

a. 加工方法选择是否得当。

b. 夹具选择是否得当。

c. 刀具选择是否得当。

d. 加工工艺路线是否得当。

e. 切削用量是否合适。

f. 工序安排是否合适。

g. 机床选择是否得当。

h. 装夹方案是否得当。

②对上述问题进行分析后,如果有不当的地方,改正过来,提出正确的工艺措施。

③制订正确工艺,并优化工艺。

④填写该隔套加工案例零件的数控加工工序卡、刀具卡,确定装夹方案。

2. 加工案例零件加工工艺与装夹方案

1）隔套加工案例零件数控加工工序卡

隔套加工案例零件数控加工工序卡见表2-7-2。

表2-7-2　隔套加工案例零件数控加工工序卡

单位名称			产品名称或代号		零件名称	零件图号
					隔套	
工序号		程序编号	夹具名称		加工设备	车间
			三爪卡盘 + 圆弧软爪		TK36	数控实训中心
工步号	工步内容		刀具号	刀具规格 /mm	主轴转速 /(r·min^{-1})	进给速度 /(mm·r^{-1})	检测工具	备注
---	---	---	---	---	---	---	---	---
1	粗精车右端面,保证表面粗糙度 Ra 为 1.6 μm		T01	20×20	520/600	0.25/0.12	表面粗糙度 标准块	
2	粗精车内孔,保证 $\phi40^{+0.025}_{0}$ mm 和 表面粗糙度 Ra3.2 μm		T02	ϕ20	800/920	0.2/0.1	内径 百分表	
3	右端孔口和外圆倒角		T03	20×20	600	0.2	游标卡尺	
4	粗精车左端面,保证表面粗糙度 Ra 为 1.6 μm 和总长 $20^{-0.02}_{0}$ mm		T01	20×20	520/600	0.25/0.12	外径 千分尺	掉头 装夹
5	粗精车左外圆,$\phi 60^{-0.05}_{0}$ mm 和表 面粗糙度 Ra 为 3.2 μm		T01	20×20	520/600	0.2/0.1	外径 千分尺	
6	左端孔口和外圆倒角		T03	20×20	600	0.2	游标卡尺	
编制		审核	批准			年　月　日	共　页	第　页

2）隔套加工案例零件数控加工刀具卡

隔套加工案例零件数控加工刀具卡见表2-7-3。

表2-7-3　隔套数控加工刀具卡

产品名称或代号		零件名称	隔套	零件图号	
序号	刀具号	刀具		加工表面	备注
		规格名称	数量	刀长/mm	
1	T01	外圆车刀	1	实测	端面、外圆	刀尖半径 0.3 mm,主偏角 90°
2	T02	ϕ20 mm 内孔车刀	1	实测	内孔	刀尖半径 0.3 mm,主偏角 93°
3	T03	45°端面车刀	1	实测	倒角	
编制		审核	批准		年　月　日　　共　页　　第　页

3）隔套加工案例零件装夹方案

该隔套加工案例零件主要由有一定同轴要求的内外圆表面组成。它是典型的套类零件。套类零件在加工过程中受切削力、切削热及夹紧力等因素的影响，极易变形，必须采取相应的预防与纠正措施。该套类零件壁厚 10 mm，长度 20 mm，不算太薄，零件刚性还可以，但因工件有形位精度要求，还是要考虑零件装夹时的夹紧变形。基于上述情况，该案例零件装夹采用圆弧软爪装夹法，在数控车床上装刀根据工件内孔大小和外圆大小自车外圆弧软爪和内圆弧软爪，分别用于涨紧工件内孔和夹紧工件外径，用自车软爪加工出的软爪轴向台阶面轴向定位装夹。加工时，先用内圆弧软爪装夹工件外圆，车右端面、内孔及倒角，再用外圆弧软爪涨紧工件内孔，车左端面、外圆及倒角，保证零件的形位精度要求。

任务评价

评价方式见表 2-7-4。

表 2-7-4 评价表

序号	评价标准	学生测评
1	能高质量、高效率地找出如图 2-7-1 所示的隔套加工案例中工艺不合理之处，提出正确的解决方案，并完整、优化地设计如图 2-7-8 所示的套筒加工案例零件的数控加工工艺，确定装夹方案	
2	能在教师的偶尔指导下找出如图 2-7-1 所示的隔套加工案例中工艺设计不合理之处，并提出正确的解决方案	
3	能在教师的偶尔指导下找出如图 2-7-1 所示的隔套加工案例中工艺设计不合理之处，并提出基本正确的解决方案	
4	能在教师的指导下找出如图 2-7-1 所示的隔套加工案例中工艺设计不合理之处	
等级：优秀；良好；中等；合格		

巩固与提高

如图 2-7-8 所示为套筒加工案例零件，材料为 45 钢，毛坯尺寸 $\phi95$ mm × 130 mm，批量 50 件，套筒内孔已用普通钻床加工至 $\phi50$ mm。试设计其数控加工工艺，并确定装夹方案。

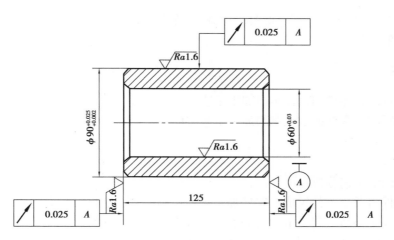

图 2-7-8　套筒加工案例零件

任务八　轴/孔配合零件数控车削加工工艺编制

任务描述

1. 制订如图 2-8-1 所示配合零件的数控车削加工工艺；

2. 编制如图 2-8-1 所示配合零件的数控车削加工工序卡、刀具卡等工艺文件。

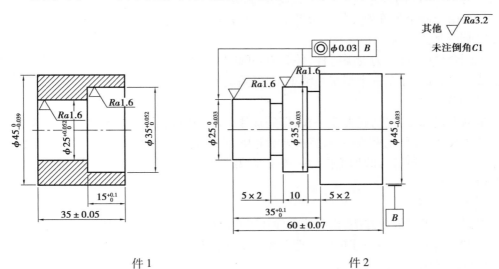

图 2-8-1　轴/孔配合件

完成如图 2-8-1 所示配合加工案例零件的数控车削加工,具体设计该配合件的数控加工工艺。

轴/孔配合件加工案例零件说明:该配合件零件材料为 45 钢,毛坯尺寸为 $\phi50$ mm × 110 mm,单件加工。

能力目标

1. 会制订配合零件的数控车削加工工艺;
2. 会编写配合零件的数控车削加工工艺文件。

任务实施

1. 零件图纸工艺分析

该配合件由两个零件组成。零件加工表面由圆柱、内孔、槽等表面组成。件 1 内孔精度 $\phi35^{+0.052}_{0}$ mm, $\phi25^{+0.052}_{0}$ mm,表面粗糙度 $Ra1.6$ μm;长度尺寸精度 35 ± 0.05 mm, $15^{+0.1}_{0}$ mm;外径表面粗糙度 $Ra3.2$ μm,尺寸精度 $\phi45^{0}_{-0.039}$ mm。

件 2 外径精度 $\phi45^{0}_{-0.033}$ mm, $\phi35^{0}_{-0.033}$ mm, $\phi25^{0}_{-0.033}$ mm,长度尺寸精度 60 ± 0.07 mm, $35^{+0.1}_{0}$ mm; $\phi25$, $\phi35$ 表面粗糙度 $Ra1.6$ μm,有同心度要求为 0.03 mm。

2. 加工工艺路线设计

加工工艺路线设计主要引导学生选择加工方法、划分加工阶段、划分工序、工序顺序安排及确定进给加工路线。

1)选择加工方法

根据外回转表面的加工方法和该配合零件的加工精度及表面加工质量要求,选择粗车—半精车、精车加工,即可满足零件图纸技术要求。由于是单件加工,两件毛坯由一根棒料长为 110 mm 的来完成,零件 1 长度较短,先夹持一头即完成零件 1 加工,再加工零件 2。另外,由于两个零件外径加工余量不大,单边最大加工余量只有 2.5 mm。

2)划分加工阶段

该配合件中,件 1 为套类零件,件 2 为外圆轴类零件。根据加工表面的精度及表面粗糙度要求,均选择粗车—半精车—精车,即可满足零件图纸技术要求。

3)划分工序

根据上述加工方法,先夹持一头,即完成零件 1 的钻孔、加工外圆、切断;掉头加工内孔。件 2 长度较短,先夹持一头,完成外圆 $\phi45$ 加工;再掉头再加工台阶及槽。因此,工序划分以一次安装所进行的加工作为一道工序,数控车削加工件 1 共分两道工序,工件 2 共分两道工序。

4)工序顺序安排

根据上述工序划分方法,该案例零件加工顺序按由粗到精、先面后孔、由近到远(由右到左)的原则确定,工步顺序按同一把刀能加工内容连续加工原则确定。

5)确定进给加工路线

根据上述加工顺序安排,该案例零件 1 加工路线设计:先粗精车一头端面,手动打中心孔及钻孔,再粗精车外径(含倒角)及切断;夹持外圆(用铜皮垫外圆)粗精车另一头端面(含倒角),保证长度尺寸精度 35 ± 0.05 mm,后粗、精加工内孔。

零件 2 加工路线设计:先粗精加工一头端面,再粗精加工 $\phi45$ mm 外圆;掉头加工另一头端面,保证总长 60 ± 0.07 mm,再粗精加工 $\phi35_{-0.033}^{0}$ mm,$\phi25_{-0.033}^{0}$ 的台阶,最后切两处 5 mm 槽。

3. 机床选择

机床选择主要引导学生根据加工零件规格大小、加工精度和加工表面质量等技术要求,正确、合理地选择机床型号及规格。

该案例零件规格不大,故数控车削选用规格不大的数控车床 TK36 即可。

4. 装夹方案及夹具选择

该案例零件是典型回转体类零件。根据上述加工工艺路线设计,该案例零件装夹方案选用三爪卡盘,夹紧外径,须找正;掉头装夹加工,担心已粗加工外径夹伤严重,可考虑在工件已加工表面夹持位包一层薄铜皮。夹具选择普通三爪卡盘或液压三爪卡盘均可。

5. 刀具选择

根据上述加工工艺路线设计,该案例零件数控车只有加工端面、外径、中心孔及打孔,根据各类型车刀的加工对象和特点,加工端面和外径选用右偏外圆车刀(右手刀),刀片选用带涂层硬质合金刀片,刀尖圆弧半径 0.3 mm;加工内孔选用镗刀;加工槽采用刀宽为 4 mm 切刀,长度 30 mm 以上;加工中心孔选用 B 型中心钻;钻孔采用 $\phi22$ 的麻花钻。

6. 切削用量选择

数控车削的切削用量包括背吃刀量 a_p、进给速度 F 或每转进给量 f 及主轴转速 n。

1)背吃刀量 a_p

根据上述加工工艺路线设计,该案例零件外径、端面加工余量不大,单边最大加工余量只有约 2.5 mm,选择粗车—磨削的加工方法。背吃刀量 a_p 在工艺系统刚度和机床功率允许的情况下,尽可能选取较大的背吃刀量,以减少进给次数。故粗车端面和外径时,背吃刀量 a_p 取约 2.25 mm,外径单边留 0.12 ~ 0.13 mm 的磨削余量,精车端面背吃刀量 a_p 取 0.25 ~ 0.28 mm。

2)每转进给量 f

根据硬质合金车刀粗车外圆、端面的进给量和按表面粗糙度选择进给量的参考值,该案例零件粗车外径、端面的每转进给量 f 取 0.25 mm;精车端面的每转进给量 f 取 0.15 mm。中心钻按国产硬质合金刀具及钻孔数控车切削用量的参考值。

3)主轴转速 n

主轴转速 n 应根据零件上被加工部位的直径,并按零件和刀具的材料及加工性质等条件所允许的切削速度 v_c(m/min),按公式 $n = (1\,000 \times v_c)/(3.14 \times d)$ 来确定。根据硬质合金外圆车刀切削速度的参考数值,粗车外径、端面的切削速度 v_c 选 100 m/min,则主轴转速 n 约为 500 r/min;精车端面的切削速度 v_c 选 100 m/min,则主轴转速 n 约为 1 000 r/min;钻中心孔的主轴转速选 1 000 r/min。

注:为保证车削端面的表面粗糙度一致,车削端面时,选用恒线速切削。

7. 填写数控加工工序卡和刀具卡

填写数控加工工序卡和刀具卡主要引导学生根据选择的机床、刀具、夹具、切削用量及拟订的加工工艺路线,正确填写数控加工工序卡和刀具卡。

1)件1加工案例零件数控加工工序卡

件1加工案例零件数控加工工序卡见表2-8-1(注:刀片为涂层硬质合金刀片)。

表 2-8-1　件1加工案例零件数控加工工序卡

单位名称		产品名称或代号	零件名称	零件图号
			件1	
工序号	程序编号	夹具名称	加工设备	车间
		三爪卡盘	TK36	数控实训中心

工步号	工步内容	刀具号	刀具规格 /mm	主轴转速 /(r·min⁻¹)	进给速度 /(mm·r⁻¹)	检测工具	备注
1	粗精车端面,保证表面粗糙度 Ra 为3.2 μm	T01	25×25	500	0.25	表面粗糙度标准块	
2	打中心孔		B 型	1 000			
3	钻孔,深度40		ϕ22	300		游标卡尺	
4	粗车倒角及外径,外径车削长度41 mm,单边留磨0.12~0.13	T01	25×25	500	0.25	游标卡尺	
5	精车外径,加上切刀位,保证长度41 mm,表面粗糙度 Ra 为3.2 μm	T01	25×25	1 000	0.1	外径千分尺	
6	切断,保证总长度36 mm	T02	25×25	500	0.1	游标卡尺	
7	粗精车端面,保证总长度35 mm	T01	25×25	500	0.25	游标卡尺	掉头
8	粗精镗内孔,保证 ϕ35 mm,ϕ25 mm 精度及表面粗糙度 Ra 为1.6 μm	T03	25×25	1 000	0.1	内径百分表	
编制		审核		批准		年 月 日	共 页 第 页

2)件1加工案例零件数控加工刀具卡

件1加工案例零件数控加工刀具卡见表2-8-2。

3)件2加工案例零件数控加工工序卡

件2加工案例零件数控加工工序卡见表2-8-3(注:刀片为涂层硬质合金刀片)。

表 2-8-2 件 1 数控加工刀具卡

产品名称或代号				零件名称	件 1	零件图号	
序号	刀具号	刀具			加工表面		备注
		规格名称	数量	刀长/mm			
1	T01	外圆车刀	1	实测	端面、外径、倒角		刀尖 R0.3 mm
2	T02	4×30 mm 切断刀	1	实测	切断		刀尖 R0.1 mm
3	T03	镗刀	1	实测	内孔表面		刀尖 R0.3 mm
4		ϕ3 mmB 型中心钻	1	实测	中心孔		
5		ϕ22 麻花钻	1	实测	内孔		
编制		审核		批准		年 月 日	共 页 第 页

表 2-8-3 件 2 数控加工工序卡

单位名称			产品名称或代号		零件名称		零件图号	
					件 2			
工序号		程序编号		夹具名称	加工设备		车间	
				三爪卡盘	TK36		数控实训中心	
工步号	工步内容		刀具号	刀具规格 /mm	主轴转速 /(r·min^{-1})	进给速度 /(mm·r^{-1})	检测工具	备注
1	粗精车右端面,保证表面粗糙度 Ra3.2 μm		T01	25×25	500/650	0.2	表面粗糙度标准块	
2	粗车外径 ϕ45,保证长度 25 mm,外圆表面粗糙度 Ra3.2 μm		T01	25×25	500	0.25	游标卡尺	
3	粗精车左表面,保证表面粗糙度 Ra3.2 μm 和总长度 60 mm		T01	25×25	500/650	0.2	带表游标卡尺	掉头装夹
4	粗精车外径,保证 ϕ35 mm,ϕ25 mm 精度及表面粗糙度 Ra1.6 μm		T01	25×25	500/1 000	0.2/0.15	外径千分尺	
5	粗精加工两处槽		T02	刀宽 4	600	0.15	游标卡尺	
编制		审核		批准		年 月 日	共 页	第 页

4)件 2 加工案例零件数控加工刀具卡

件 2 加工案例零件数控加工刀具卡见表 2-8-4。

表 2-8-4　光轴数控加工刀具卡

产品名称或代号			零件名称	件 2	零件图号	
序号	刀具号	刀具			加工表面	备注
		规格名称	数量	刀长/mm		
1	T01	外圆车刀	1	实测	端面、外径、倒角	刀尖 R0.3 mm
2	T02	4 mm 切刀	1	实测	切槽	
编制		审核		批准	年　月　日	共　页　第　页

任务评价

评价方式见表 2-8-5。

表 2-8-5　评价表

序号	评价标准	学生测评
1	能高质量、高效率地完成配合零件的数控加工工艺设计,并完成巩固与提高中配合零件的数控加工工艺设计	
2	能在无教师的指导下完成配合零件的数控加工工艺设计	
3	能在教师的偶尔指导下正确完成配合零件的数控加工工艺设计	
4	能在教师的指导下完成配合零件的数控加工工艺设计(内容基本合理)	
等级:优秀;良好;中等;合格		

巩固与提高

将如图 2-8-2 所示的轴/孔配合零件材料为 45 钢,毛坯尺寸 $\phi 50 \times 130$ mm,单件生产。试设计其数控加工工艺,并确定装夹方案。

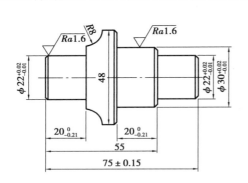

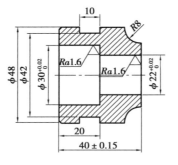

其余 $\sqrt{Ra3.2}$

未注倒角 C1

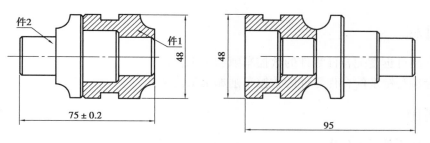

图 2-8-2　轴/孔配合零件

任务九　锥度配合零件数控车削加工工艺编制

任务描述

1. 制订如图 2-9-1 所示锥度配合件零件的数控车削加工工艺；
2. 编制如图 2-9-1 所示锥度配合件零件的数控车削加工工序卡、刀具卡等工艺文件。

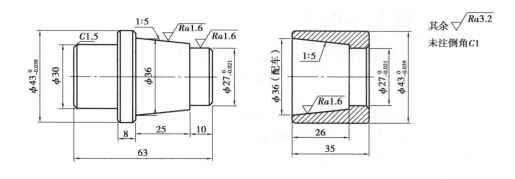

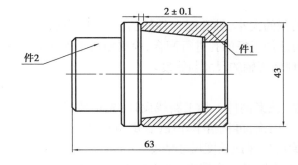

图 2-9-1　锥度配合件零件图

锥度配合件加工案例零件说明：该锥度配合件加工案例零件材料为 45 钢，单件生产，毛坯尺寸为 $\phi 50 \times 150$ mm。

能力目标

　　1. 会制订锥度配合件零件的数控车削加工工艺；

　　2. 会编写锥度配合件零件的数控车削加工工艺文件。

任务实施

　　1. 零件图纸工艺分析

　　加工成形如图 2-9-1 所示。整体尺寸偏移无要求，孔之间的尺寸的精度要求达到零件图要求，$\phi43$ 的孔套外径尺寸精度要求达到 -0.039 mm，内孔的尺寸要求是 $\phi36$。重点是对此孔内表面的精度的掌握，表面粗糙度的要求是 $Ra1.6$ μm。着重考虑加工孔的加工工艺和内外锥配合的工艺要求。

　　2. 加工工艺路线设计

　　加工工艺路线设计主要引导学生选择加工方法、划分加工阶段、划分工序、工序顺序安排和确定进给加工路线。

　　1）选择加工方法

　　内外锥配合件零件的设计基准一般是基孔制的，本轴类零件同样是基孔制的，先把带有锥面的孔先加工出来，看尺寸是否控制在要求以内。然后是对轴的加工，首先应考虑的是与孔的配合是哪种配合，是过渡配合还是过盈配合。

　　2）划分加工阶段

　　该配合件中，件 2 为外圆轴类零件，件 1 为套类零件。根据加工表面的精度及表面粗糙度要求，均选择粗车—半精车—精车，即可满足零件图纸技术要求。

　　3）划分工序

　　根据上述加工方法，件 1 先夹持一头，即完成钻孔、镗孔、加工外圆、切断；掉头加工端面。件 2 长度较短，先夹持一头，完成外圆 $\phi30$，$\phi43$ 加工，掉头再加工外圆及锥面。因此，工序划分以一次安装所进行的加工作为一道工序，数控车削加工件 1 共分两道工序，工件 2 共分两道工序。

　　4）工序顺序安排

　　为便于控制配合接触面积的大小，轴孔配合件的加工，一般先加工孔，后加工轴。因为在加工轴时要涂上颜料与已加工好的孔进行配合，检测颜料脱落的情况，如果没有达到 65% 的接触面积，可较方便地修正轴的尺寸与锥度。

　　5）确定进给加工路线

　　根据上述加工顺序安排，该案例件 1 加工路线设计：先粗精车一头端面，手动打中心孔及钻孔，粗精镗内孔 $\phi27$ 及内锥，再粗精车外径（含倒角），切断；夹持外圆（用铜皮垫外圆）粗精车另一头端面（含倒角），保证长度尺寸精度 35 mm。

　　件 2 加工路线设计：先粗精加工一头端面，再粗精加工 $\phi30$ mm，$\phi43$ 外圆；掉头加工另一头端面，保证总长 63 mm，再粗精加工 $\phi27$mm 及锥面。

3. 机床选择

机床选择主要引导学生根据加工零件规格大小、加工精度和加工表面质量等技术要求，正确、合理地选择机床型号及规格。

该案例零件规格不大，故数控车削选用规格不大的数控车床 TK36 即可。

4. 装夹方案及夹具选择

该案例零件是典型回转体类零件。根据上述加工工艺路线设计，该案例零件装夹方案选用三爪卡盘，夹紧外径，须找正；掉头装夹加工，担心已粗加工外径夹伤严重，可考虑在工件已加工表面夹持位包一层薄铜皮。夹具选择普通三爪卡盘或液压三爪卡盘均可。

5. 刀具选择

根据上述加工工艺路线设计，该案例零件数控车只有加工端面、外径、中心孔及打孔，根据各类型车刀的加工对象和特点，加工端面和外径选用右偏外圆车刀（右手刀），刀片选用带涂层硬质合金刀片，刀尖圆弧半径 0.3 mm；加工内孔选用镗刀；加工槽采用刀宽为 4 mm 切刀，长度 30 mm 以上；加工中心孔选用 B 型中心钻；钻孔采用 $\phi 25$ 的麻花钻。

6. 切削用量选择

数控车削的切削用量包括背吃刀量 a_p、进给速度 F 或每转进给量 f 及主轴转速 n。

1）背吃刀量 a_p

根据上述加工工艺路线设计，该案例零件外径、端面加工余量不大，单边最大加工余量只有约 1 mm，选择粗车精车的加工方法。背吃刀量 a_p 在工艺系统刚度和机床功率允许的情况下，尽可能选取较大的背吃刀量，以减少进给次数。因此，粗车端面和外径时，背吃刀量 a_p 取约 2 mm，外径单边留 0.2～0.28 mm 的磨削余量，精车端面背吃刀量 a_p 取 0.25～0.28 mm。

2）每转进给量 f

根据硬质合金车刀粗车外圆、端面的进给量和按表面粗糙度选择进给量的参考值，该案例零件粗车外径、端面的每转进给量 f 取 0.25 mm；精车端面的每转进给量 f 取 0.15 mm。中心钻按国产硬质合金刀具及钻孔数控车切削用量的参考值。

3）主轴转速 n

主轴转速 n 应根据零件上被加工部位的直径，并按零件和刀具的材料及加工性质等条件所允许的切削速度 v_c（m/min），按公式 $n = (1\ 000 \times v_c)/(3.14 \times d)$ 来确定。根据硬质合金外圆车刀切削速度的参考数值，粗车外径、端面的切削速度 v_c 选 100 m/min，则主轴转速 n 约为 500 r/min；精车端面的切削速度 v_c 选 100 m/min，则主轴转速 n 约为 1 000 r/min；钻中心孔的主轴转速选 1 000 r/min。

7. 填写数控加工工序卡和刀具卡

填写数控加工工序卡和刀具卡主要引导学生根据选择的机床、刀具、夹具、切削用量及拟订的加工工艺路线，正确填写数控加工工序卡和刀具卡。

1）件 1 加工案例零件数控加工工序卡

件 1 加工案例零件数控加工工序卡见表 2-9-1。

表 2-9-1　件 1 加工案例零件数控加工工序卡

单位名称		产品名称或代号	零件名称	零件图号
			锥度配合件 1	
工序号	程序编号	夹具名称	加工设备	车间
		三爪卡盘	TK36	数控实训中心

工步号	工步内容	刀具号	刀具规格 /mm	主轴转速 /(r·min^{-1})	进给速度 /(mm·r^{-1})	检测工具	备注
1	粗精车端面,保证表面粗糙度 Ra 为 3.2 μm	T01	25 × 25	500	0.25	游标卡尺	
2	打中心孔		B 型	1 000			
3	钻孔,深度 40		φ22	300		游标卡尺	
4	粗车倒角及外径,外径车削长度 40 mm,单边留 0.25 mm	T01	25 × 25	600	0.25	游标卡尺	
5	精车外径,加上切刀位,保证长度 40 mm,表面粗糙度 Ra 为 3.2 μm	T01	25 × 25	1 000	0.1	外径千分尺	
6	粗精镗内孔,保证 φ25 mm 精度、锥面及表面粗糙度 Ra 为 1.6 μm	T03	25 × 25	600	0.15	内径百分表	
7	切断,保证总长度 36 mm	T02	25 × 25	600	0.1	游标卡尺	
8	粗精车端面及倒角,保证总长 35 mm	T01	25 × 25	500	0.25	游标卡尺	掉头加工
编制		审核		批准		年　月　日	共　页　第　页

2)件 1 加工案例零件数控加工刀具卡

件 1 加工案例零件数控加工刀具卡见表 2-9-2。

3)件 2 加工案例零件数控加工工序卡

件 2 加工案例零件数控加工工序卡见表 2-9-3。

表 2-9-2　件 1 加工案例零件数控加工刀具卡

产品名称或代号		零件名称	件 1	零件图号	
序号	刀具号	刀具		加工表面	备注
		规格名称	数量	刀长/mm	
1	T01	外圆车刀	1	实测	端面、外径、倒角	刀尖 R0.3 mm
2	T02	4 × 30 mm 切断刀	1	实测	切断	刀尖 R0.1 mm
3	T03	镗刀	1	实测	内孔表面	刀尖 R0.3 mm
4		φ3 mmB 型中心钻	1	实测	中心孔	

续表

序号	刀具号	刀具			加工表面	备注
		规格名称	数量	刀长/mm		
5		ϕ25 麻花钻	1	实测	钻孔	
编制		审核		批准		年　月　日	共　页　第　页

表 2-9-3　件 2 加工案例零件数控加工工序卡

单位名称		产品名称或代号		零件名称		零件图号	
				锥度配合件 2			
工序号		程序编号		夹具名称	加工设备		车间
				三爪卡盘	TK36		数控实训中心
工步号	工步内容		刀具号	刀具规格 /mm	主轴转速 /(r·min^{-1})	进给速度 /(mm·r^{-1})	检测工具	备注
1	粗精车右端面,保证表面粗糙度 Ra 为 3.2 μm		T01	25×25	500/650	0.2	表面粗糙度标准块	
2	粗车外径 ϕ43,ϕ20,保证长度 20 mm、28 mm,外圆表面粗糙度 Ra 为 3.2 μm		T01	25×25	500	0.25	游标卡尺	
3	精车外径 ϕ43,ϕ20,保证长度 20 mm、28 mm,外圆表面粗糙度 Ra 为 3.2 μm		T01	25×25	1 000	0.15	外径千分尺	
4	粗精车左端面,保证表面粗糙度 Ra 为 3.2 μm 和总长 60 mm		T01	25×25	500/650	0.2	带表游标卡尺	掉头装夹
5	粗精车外径,保证 ϕ27 mm、锥面精度及表面粗糙度 Ra 为 1.6 μm		T01	25×25	500/1 000	0.2/0.15	外径千分尺	
编制		审核		批准		年　月　日	共　页　第　页

4)件 2 加工案例零件数控加工刀具卡

件 2 加工案例零件数控加工刀具卡见表 2-9-4。

表 2-9-4　件 2 加工案例零件数控加工刀具卡

产品名称或代号			零件名称	配合件 2	零件图号	
序号	刀具号	刀具			加工表面	备注
		规格名称	数量	刀长/mm		
1	T01	外圆车刀	1	实测	端面、外径、倒角	刀尖 R0.3 mm
编制		审核		批准		年　月　日	共　页　第　页

任务评价

评价方式见表 2-9-5。

表 2-9-5 评价表

序号	评价标准	学生测评
1	能高质量、高效率地完成配合零件的数控加工工艺设计,并完成巩固与提高中配合零件的数控加工工艺设计	
2	能在无教师的指导下完成配合零件的数控加工工艺设计	
3	能在教师的偶尔指导下正确完成配合零件的数控加工工艺设计	
4	能在教师的指导下完成配合零件的数控加工工艺设计(内容基本合理)	
等级:优秀;良好;中等;合格		

巩固与提高

如图 2-9-2 所示的配合零件材料为 45 钢,毛坯尺寸 $\phi50 \times 150$ mm,单件生产。试设计其数控加工工艺,并确定装夹方案。

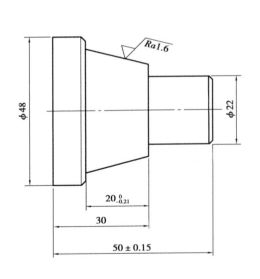

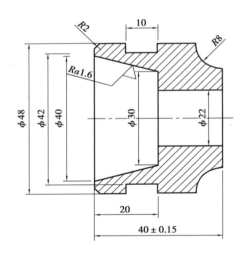

未注倒角C1

图 2-9-2 锥度配合

任务十 螺纹配合零件数控车削加工工艺编制

任务描述

1. 制订如图 2-10-1 所示螺纹配合零件的数控车削加工工艺；

2. 编制如图 2-10-1 所示螺纹配合零件的数控车削加工工序卡、刀具卡等工艺文件。

完成如图 2-10-1 所示螺纹配合加工案例零件的数控车削加工，具体设计该螺纹配合的数控加工工艺。

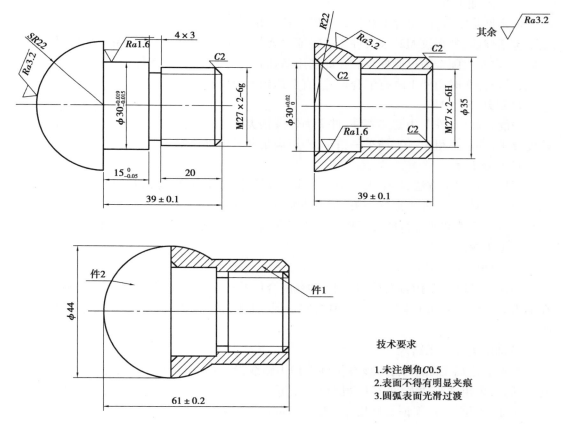

图 2-10-1 螺纹配合

螺纹配合加工案例零件说明：该螺纹配合加工案例零件材料为 45 钢，单件生产，毛坯尺寸为 $\phi 45$ mm $\times 110$ mm。

能力目标

1. 会制订螺纹配合零件的数控车削加工工艺；

2. 会编写螺纹配合零件的数控车削加工工艺文件。

任务实施

1. 零件图纸工艺分析

件 2 的主要表面为 M27 螺纹接头及 $\phi 30$ 外径与外圆球面,尤其是外圆球面,在加工时应保证其表面粗糙度;件 1 的主要表面为 M27 内螺纹及内圆柱面,在加工时会比件 2 更难加工,故需要设计好其加工方法。

2. 加工工艺路线设计

加工工艺路线设计主要引导学生选择加工方法、划分加工阶段、划分工序、工序顺序安排及确定进给加工路线。

1)选择加工方法

该零件是配合件,由件 1 和件 2 组成。其装配图如图 2-10-1 所示。其中,件 1 的特征主要包括球面、外螺纹 M27 × 2;件 2 的特征主要包括球面、内孔、内螺纹 M27 × 2。两件配合后,要求螺纹配合为过渡配合。在此选用基孔制进行加工,首先将件 1 车至图上尺寸要求,然后车件 2 时用件 1 进行配合检验,直至达到配合要求。

2)划分加工阶段

该配合件中,件 1 为套类零件,件 2 为外圆轴类零件。根据加工表面的精度及表面粗糙度要求,均选择粗车—半精车—精车,即可满足零件图纸技术要求。

3)划分工序

根据上述加工方法,件 1 先夹持一头即完成钻孔、加工外圆、球面及切断;掉头加工端面、内孔及内螺纹。件 2 夹持一头,完成外圆 $\phi 30$ 及螺纹加工,掉头再加工球面。因此,工序划分以一次安装所进行的加工作为一道工序,数控车削加工件 1 共分两道工序,工件 2 共分两道工序。

4)工序顺序安排

为便于控制配合接触面积的大小,轴孔配合件的加工一般先加工孔,后加工轴。因为在加工螺纹轴时要进行配合,检测螺纹的情况,如果螺纹没有旋到底,可较方便地修正螺纹。

5)确定进给加工路线

根据上述加工顺序安排,该案例件 1 加工路线设计:先粗精车一头端面,手动打中心孔及钻孔,再粗精车球面、外径(含倒角),切断;掉头夹持外圆(用铜皮垫外圆)粗精车另一头端面(含倒角),保证长度尺寸精度 39 mm。

件 2 加工路线设计:先粗精加工一头端面,粗精加工 $\phi 30$ mm、切槽、螺纹;掉头加工另一头端面,保证总长 61 mm,再粗精加工 $\phi 22$ mm 球面。

3. 机床选择

机床选择主要引导学生根据加工零件规格大小、加工精度和加工表面质量等技术要求,正确、合理地选择机床型号及规格。

该案例零件规格不大,故数控车削选用规格不大的数控车床 TK36 即可。

4. 装夹方案及夹具选择

该案例零件是典型回转体类零件。根据上述加工工艺路线设计,该案例零件装夹方案选用三爪卡盘,夹紧外径,须找正;掉头装夹加工,担心已粗加工外径夹伤严重,可考虑在工件已加工表面夹持位包一层薄铜皮。夹具选择普通三爪卡盘或液压三爪卡盘均可。

5. 刀具选择

根据上述加工工艺路线设计,该案例零件数控车只有加工端面、外径、中心孔及打孔,根据各类型车刀的加工对象和特点,加工端面和外径选用右偏外圆车刀(右手刀),刀片选用带涂层硬质合金刀片,刀尖圆弧半径 0.3 mm;加工内孔选用镗刀;加工槽采用刀宽为 4 mm 切刀,长度 30 mm 以上;加工中心孔选用 B 型中心钻;钻孔采用 $\phi23$ 的麻花钻。

6. 切削用量选择

数控车削的切削用量包括背吃刀量 a_p、进给速度 F 或每转进给量 f 及主轴转速 n。

1)背吃刀量 a_p

根据上述加工工艺路线设计,该案例零件外径、端面加工余量不大,单边最大加工余量只有约 1 mm,选择粗车精车的加工方法。背吃刀量 a_p 在工艺系统刚度和机床功率允许的情况下,尽可能选取较大的背吃刀量,以减少进给次数。因此,粗车端面和外径时,背吃刀量 a_p 取约 2 mm,外径单边留 0.2 ~ 0.28 mm 的磨削余量,精车端面背吃刀量 a_p 取 0.25 ~ 0.28 mm。

2)每转进给量 f

根据硬质合金车刀粗车外圆、端面的进给量和按表面粗糙度选择进给量的参考值,该案例零件粗车外径、端面的每转进给量 f 取 0.25 mm;精车端面的每转进给量 f 取 0.15 mm。中心钻按国产硬质合金刀具及钻孔数控车切削用量的参考值。

3)主轴转速 n

主轴转速 n 应根据零件上被加工部位的直径,并按零件和刀具的材料及加工性质等条件所允许的切削速度 v_c(m/min),按公式 $n = (1\ 000 \times v_c)/(3.14 \times d)$ 来确定。根据硬质合金外圆车刀切削速度的参考数值,粗车外径、端面的切削速度 v_c 选 100 m/min,则主轴转速 n 约为 500 r/min;精车端面的切削速度 v_c 选 100 m/min,则主轴转速 n 约为 1 000 r/min;钻中心孔的主轴转速选 1 000 r/min。

7. 填写数控加工工序卡和刀具卡

填写数控加工工序卡和刀具卡主要引导学生根据选择的机床、刀具、夹具、切削用量及拟订的加工工艺路线,正确填写数控加工工序卡和刀具卡。

1)件 1 加工案例零件数控加工工序卡

件 1 加工案例零件数控加工工序卡见表 2-10-1。

表 2-10-1　件 1 加工案例零件数控加工工序卡

单位名称		产品名称或代号	零件名称	零件图号
			螺纹配合件 1	
工序号	程序编号	夹具名称	加工设备	车间

续表

工步号	工步内容	刀具号	刀具规格/mm	主轴转速/(r·min^{-1})	进给速度/(mm·r^{-1})	检测工具	备注
1	粗精车端面,保证表面粗糙度 Ra 为 3.2 μm	T01	25×25	500	0.25	游标卡尺	
2	打中心孔		B 型	1 000			
3	钻孔,深度40		ϕ22	300		游标卡尺	
4	粗车倒角及外径,单边留 0.25 mm,外径车削长度 45 mm	T01	25×25	600	0.25	游标卡尺	
5	精车外径、球面,表面粗糙度 Ra 为 3.2 μm	T01	25×25	1 000	0.1	外径千分尺、R 规	
6	切断,保证总长度 40 mm	T02	25×25	600	0.1	游标卡尺	
7	粗精车端面及倒角,保证总长 39 mm	T01	25×25	500	0.25	游标卡尺	掉头加工
8	粗精镗内孔,保证 ϕ30 mm 精度、锥面及表面粗糙度 Ra 为 1.6 μm	T03	25×25	600	0.15	内径百分表	
9	加工内螺纹 M27×2	T04	25×25	500		塞规	
编制		审核		批准		年 月 日	共 页 第 页

2)件 1 加工案例零件数控加工刀具卡

件 1 加工案例零件数控加工刀具卡见表 2-10-2。

表 2-10-2 件 1 加工案例零件数控加工刀具卡

产品名称或代号				零件名称	件 1	零件图号	
序号	刀具号	刀具			加工表面		备注
		规格名称	数量	刀长/mm			
1	T01	外圆车刀	1	实测	端面、外径、倒角		刀尖 R0.3 mm
2	T02	4×30 mm 切断刀	1	实测	切断		刀尖 R0.1 mm
3	T03	镗刀	1	实测	内孔表面		刀尖 R0.3 mm
4	T04	内螺纹刀	1	实测	内螺纹		
5		ϕ3 mmB 型中心钻	1	实测	中心孔		
6		ϕ25 麻花钻	1	实测	钻孔		
编制		审核		批准		年 月 日	共 页 第 页

3）件2加工案例零件数控加工工序卡

件2加工案例零件数控加工工序卡见表2-10-3。

表2-10-3 件2加工案例零件数控加工工序卡

单位名称		产品名称或代号		零件名称		零件图号	
				锥度配合件2			
工序号	程序编号	夹具名称		加工设备		车间	
		三爪卡盘		TK36		数控实训中心	
工步号	工步内容	刀具号	刀具规格/mm	主轴转速/(r·min⁻¹)	进给速度/(mm·r⁻¹)	检测工具	备注
1	粗精车右端面,保证表面粗糙度 Ra 为 3.2 μm	T01	25×25	500/650	0.2	表面粗糙度标准块	
2	粗车外径 φ30、螺纹外径	T01	25×25	500	0.25	游标卡尺	
3	精车外径 φ30、螺纹外径,保证表面粗糙度 Ra 为 1.6 μm	T01	25×25	1 000	0.15	外径千分尺	
4	切槽 4×3	T02	25×25	500	0.15	外径千分尺	
5	加工外螺纹(配车)	T03	25×25	500			
6	粗精车左端面,保证表面粗糙度 Ra 为 3.2 μm 和总长 60 mm	T01	25×25	500/650	0.2	带表游标卡尺	掉头装夹
7	粗精车球面及表面粗糙度 Ra 为 3.2 μm	T01	25×25	500/1 000	0.2/0.15	外径千分尺、R规	
编制		审核		批准		年 月 日 共 页 第 页	

4）件2加工案例零件数控加工刀具卡

件2加工案例零件数控加工刀具卡见表2-10-4。

表2-10-4 件2加工案例零件数控加工刀具卡

产品名称或代号		零件名称	配合件2	零件图号		
序号	刀具号	刀具			加工表面	备注
		规格名称	数量	刀长/mm		
1	T01	外圆车刀	1	实测	端面、外径、倒角	刀尖 R0.3 mm
2	T02	4×30 mm 切断刀	1	实测	切断	刀尖 R0.1 mm
3	T03	螺纹刀	1	实测	螺纹	
编制		审核		批准		年 月 日 共 页 第 页

任务评价

评价方式见表 2-10-5。

表 2-10-5 评价表

序号	评价标准	学生测评
1	能高质量、高效率地完成配合零件的数控加工工艺设计,并完成巩固与提高中配合零件的数控加工工艺设计	
2	能在无教师的指导下完成配合零件的数控加工工艺设计	
3	能在教师的偶尔指导下正确完成配合零件的数控加工工艺设计	
4	能在教师的指导下完成配合零件的数控加工工艺设计(内容基本合理)	
等级:优秀;良好;中等;合格		

巩固与提高

如图 2-10-2、图 2-10-3 所示配合零件的材料为 45 钢,毛坯尺寸 $\phi 50 \times 150$ mm,单件生产。试设计其数控加工工艺,并确定装夹方案。

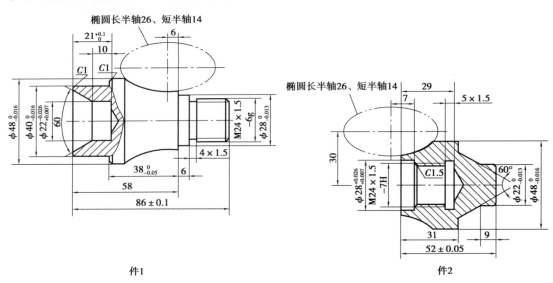

图 2-10-2 零件图

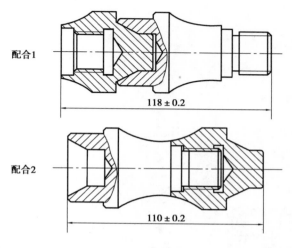

配合1

118±0.2

配合2

110±0.2

图 2-10-3　装配图

项目三

数控铣削工艺编制

任务一 数控铣削加工工艺分析

任务描述

1. 分析平面及平面轮廓类零件图的数控铣削加工工艺性;
2. 拟订平面及平面轮廓类零件的数控铣削加工工艺路线;
3. 选择平面及平面轮廓类零件的数控铣削加工刀具;
4. 选择平面及平面轮廓类零件的数控铣削加工夹具,确定装夹方案;
5. 按平面及平面轮廓类零件的数控铣削加工工艺选择合适的切削用量与机床。

能力目标

1. 会根据零件结构及技术要求选择数控铣床;
2. 会对简易数控铣削零件图进行数控铣削加工工艺性分析,包括分析零件图纸技术要求,检查零件图的完整性和正确性,分析零件的结构工艺性,以及分析零件毛坯的工艺性;
3. 会拟订简易数控铣削零件的加工工艺路线,包括选择数控铣削平面与平面轮廓加工方法,划分加工阶段,划分加工工序,确定加工顺序,以及确定加工路线;

4. 会根据数控铣削零件加工工艺熟练地选用整体式数控铣削刀具与机夹可转位铣削刀具。

相关知识

数控铣削加工工艺设计步骤包括机床选择、零件图纸工艺分析、加工工艺路线设计、装夹方案及夹具选择、刀具选择、切削用量选择、填写数控加工工序卡与刀具卡等。

一、数控铣削机床选择

数控铣削机床是主要采用铣削方式加工工件的数控机床。典型的数控铣削机床有数控铣床和加工中心两种。由于加工中心增加了刀库和自动换刀装置,主要用于自动换刀对箱体类等复杂零件进行多工序镗铣综合加工,因此,数控铣削机床一般是指数控铣床。数控铣床除了能进行外形轮廓铣削、平面型腔铣削和三维复杂型面的铣削(如凸轮、模具、叶片及螺旋桨等复杂零件的铣削加工)外,还具有孔加工功能。它通过人工手动换刀,也可进行一系列孔的加工,如钻孔、扩孔、铰孔、镗孔及攻螺纹等。

1. 数控铣床的分类

数控铣床的种类很多,常用的分类方法是按其主轴的布置形式、控制轴类及其功能分类。

1)按数控铣床的主轴布置形式分类

按数控铣床主轴布置形式,可分为立式数控铣床,卧式数控铣床,以及立、卧两用数控铣床。

(1)立式数控铣床

立式数控铣床是数控铣床中最常见的一种布局形式。其主轴轴线垂直于水平面,应用范围最广。立式数控铣床中又以坐标(X,Y,Z)联动的数控铣床居多,其各坐标的控制方式主要有以下 3 种:

①工作台纵、横向移动并升降,主轴不动,与普通立式升降台铣床相似。目前,小型立式数控铣床一般采用这种方式。

②工作台纵、横向移动,主轴升降。这种方式一般应用于中型立式数控铣床,如图3-1-1所示。

图 3-1-1　立式数控铣床

图 3-1-2　龙门式数控铣床

③大型立式数控铣床由于需要考虑扩大行程,缩小占地面积和刚度等技术问题,因此,多采用工作台移动式。其主轴可在龙门架的横向与垂直溜板上运动,而工作台则沿床身作纵向运动,如图 3-1-2 所示。

图 3-1-3　立式数控铣床配数控转盘实现 4 轴联动加工　　　图 3-1-4　卧式数控铣床

为扩大立式数控铣床的使用功能和加工范围,可增加数控转盘来实现 4 轴或 5 轴联动加工,如图 3-1-3 所示。

（2）卧式数控铣床

如图 3-1-4 所示,卧式数控铣床的主轴轴线平行于水平面,主要用于箱体类零件的加工。为了扩大加工范围和使用功能,卧式数控铣床通常采用增加数控转盘来实现 4 轴或 5 轴联动加工,这样不但工件侧面上的连续回转轮廓可加工出来,而且可实现在一次安装中,通过转盘改变工位,进行"四面加工",尤其是配万能数控转盘的数控铣床,可把工件上各种不同的角度或空间角度的加工面摆成水平来加工。这样,可省去很多专用夹具或专用角度的成形铣刀。对于箱体类零件或需要在一次安装中改变工位的工件来说,选择带数控转盘的卧式数控铣床进行加工是非常合适的。由于卧式数控铣床在增加了数控转盘后很容易做到对工件进行"四面加工",因此,在许多方面胜过带数控转盘的立式数控铣床。

（3）立、卧两用数控铣床

立、卧两用数控铣床的主轴方向可以变换,能达到在一台机床上既可进行立式加工,又可进行卧式加工,使其应用范围更广、功能更全,选择加工对象的余地更大,给用户带来很大的方便,尤其当生产批量小,品种多,又需要立、卧两种方式加工时,用户只需购买一台这样的机床即可。配万能数控主轴头可任意方向转换的立、卧两用数控铣床如图 3-1-5 所示。

图 3-1-5　配万能数控主轴头可任意方向
转换的立、卧两用数控铣床

2）按数控系统控制的坐标轴数量分类

按数控系统控制的坐标轴数量,可分为 2.5 轴、3 轴、4 轴及 5 轴联动数控铣床。

（1）2.5 轴联动数控铣床

数控铣床只能进行 X,Y,Z 3 个坐标中的任意两个坐标轴联动加工。

（2）3 轴联动数控铣床

数控铣床能进行 X,Y,Z 3 个坐标轴联动加工。目前,3 坐标联动数控铣床仍占大多数。

（3）4 轴联动数控铣床

数控铣床能进行 X,Y,Z 3 个坐标轴和绕其中一个轴作数控摆角联动加工。

（4）5 轴联动数控铣床

数控铣床能进行 X,Y,Z 3 个坐标轴和绕其中两个轴作数控摆角联动加工。

3）按数控系统的功能分类

按数控系统的功能,可分为经济型、全功能型和高速铣削数控铣床。

（1）经济型数控铣床

经济型数控铣床一般是在普通立式铣床或卧式铣床的基础上改造而来的。它采用经济型数控系统,成本低,机床功能较少,主轴转速和进给速度不高,主要用于精度不高的简单平面或曲面零件加工,如图 3-1-6 所示。

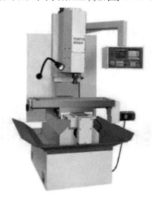

图 3-1-6 经济型数控铣床

图 3-1-7 全功能型数控铣床

（2）全功能型数控铣床

全功能型数控铣床一般采用半闭环或闭环控制。其控制系统功能较强,数控系统功能丰富,一般可实现 4 轴或 4 轴以上的联动加工,加工适应性强,应用最为广泛,如图3-1-7所示。

（3）高速铣削数控铣床

一般将主轴转速在 8 000～40 000 r/min 的数控铣床,称为高速铣削数控铣床。其进给速度可达 10～30 m/min,如图 3-1-8 所示。这种数控铣床采用全新的机床结构、功能部件（电主轴、直线电机驱动进给）和功能强大的数控系统,并配以加工性能优越的刀具系统,可对大面积的曲面进行高效率、高质量的加工。

2. 数控铣床的主要技术参数

数控铣床的主要技术参数反映了数控铣床的加工能力、加工范围、主轴转速范围、夹持最大刀具质量和直径、装夹刀柄标准和精度等指标。识别数控铣床的主要技术参数是选择数控铣床的重要一环。为了便于读者识别数控铣床的主要技术参数，下面摘选了北京第一机床厂生产的 XKA714 数控铣床主要技术参数中与选择数控铣床有关的主要技术参数。

3. 数控铣床主要加工对象及主要加工内容

1）数控铣床主要加工对象

数控铣床可用于加工许多普通铣床难以加工甚至无法加工的零件，它以铣削功能为主，主要适合铣削以下 3 类：

（1）平面类零件

图 3-1-8　高速铣削数控铣床

平面类零件是指加工面平行或垂直于水平面，以及加工面与水平面的夹角为一定值的零件。平面类零件的特点是：加工面为平面或加工面可以展开为平面。如图 3-1-9 所示的 3 个零件均属于平面类零件。图 3-1-9 中的曲线轮廓面 A 和圆台侧面 B，展开后均为平面，C 为斜平面。这类零件的数控铣削相对比较简单，一般只用 3 坐标数控铣床的 2 轴联动就可加工出来。目前，数控铣床加工的绝大多数零件属于平面类零件。如图 3-1-10 所示为较复杂的典型平面类零件。

（a）轮廓面 A

（b）轮廓面 B

（c）轮廓面 C

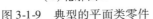

图 3-1-9　典型的平面类零件

图 3-1-10　较复杂的典型平面类零件

（2）变斜角类零件

加工面与水平面的夹角呈连续变化的零件，称为变斜角类零件，也称直纹曲面类零件。这类零件的特点是：加工面不能展开为平面，但在加工中，铣刀圆周与加工面接触的瞬间为一条直线。如图 3-1-11 所示为飞机上的变斜角梁橼条。该零件在第②肋至第⑤肋的斜角 α 从 3°10′ 均匀变化为 2°32′，从第⑤肋至第⑨肋再均匀变化为 1°20′，从第⑨肋至第⑫肋又均匀变化至 0°。这类零件一般采用 4 轴或 5 轴联动的数控铣床加工，也可用 3 轴数控铣床通过 2 轴联动用鼓形铣刀分层近似加工，但精度稍差。

如图 3-1-12 所示为变斜角类零件的加工。

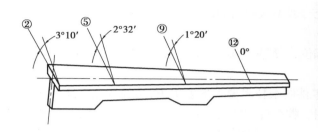

图 3-1-11 飞机上的变斜角梁橼条 图 3-1-12 变斜角类零件的加工

（3）曲面类（立体类）零件

加工面为空间曲面的零件,称为曲面类零件,如图 3-1-13 所示。这类零件的特点:一是加工面不能展开成平面,二是加工面与加工刀具(铣刀)始终为点接触。这类零件在数控铣床的加工中也较常见,通常采用 2.5 轴联动数控铣床加工精度要求不高的曲面;精度要求高的曲面需用 3 轴联动数控铣床加工,若曲面周围有干涉表面,需用 5 轴甚至 4 轴联动数控铣床加工。如图 3-1-14 所示为典型的曲面类(立体类)零件。

图 3-1-13 曲面类零件

2）数控铣床主要加工内容

以下加工内容一般作为数控铣削的主要加工内容:

图 3-1-14 典型的曲面类(立体类)零件

①工件上的曲线轮廓表面,特别是由数学表达式给出的非圆曲线和列表曲线等曲线轮廓。

②给出数学模型的空间曲面或通过测量数据建立的空间曲面。

③形状复杂、尺寸繁多,划线与检测困难的部位及尺寸精度要求较高的表面。

④通用铣床加工时难以观察、测量和控制进给的内外凹槽。

⑤能在一次安装中顺带铣出来的简单表面或形状。

⑥采用数控铣削后能成倍提高生产率,大力减轻体力劳动强度的一般加工内容。

以下加工内容一般不采用数控铣削加工：

①需要进行长时间占机人工调整的粗加工内容。

②毛坯上的加工余量不太充分或不太稳定的部位。

③简单的粗加工表面。

④必须用细长铣刀加工的部位，一般是指狭长深槽或高肋板小转接圆弧部位。

4. 数控铣床的选择

在数控铣床加工精度满足零件图纸技术要求的前提下，选择数控铣床的最主要技术参数是其多个数控轴的行程范围。数控铣床的两个基本直线坐标(X,Y,Z)行程反映该机床允许的加工空间。一般情况下，加工工件的轮廓尺寸应在机床的加工空间范围之内，如典型工件是 450 mm × 450 mm × 450 mm 的铣削零件，应选用工作台面尺寸为 500 mm × 500 mm 的数控铣床。选用工作台面比典型工件稍大一些是出于安装夹具的考虑，工作台面的大小基本上确定了加工空间的大小，个别情况下允许工件尺寸大于坐标行程，但这时必须要求零件上的加工区域处在行程范围之内，而且要考虑机床工作台的允许承载能力，以及工件是否与机床防护罩等附件发生干涉等一系列问题。选择的具体考虑因素可参考任务四。

二、零件图纸工艺分析

数控铣削零件图纸工艺分析包括分析零件图纸技术要求、检查零件图的完整性和正确性、零件的结构工艺性分析、零件毛坯的工艺性分析。

1. 分析零件图纸技术要求

分析铣削零件图纸技术要求时，主要考虑以下 5 个方面：

①各加工表面的尺寸精度要求。

②各加工表面的几何形状精度要求。

③各加工表面之间的相互位置精度要求。

④各加工表面粗糙度要求以及表面质量方面的其他要求。

⑤热处理要求及其他要求。

根据上述零件图纸技术要求，首先要根据零件在产品中的功能研究分析零件与部件或产品的关系，从而认识零件的加工质量对整个产品质量的影响，并确定零件的关键加工部位和精度要求较高的加工表面等，认真分析上述各精度和技术要求是否合理。其次要考虑在数控铣床上加工能否保证零件的各项精度和技术要求，进而具体考虑在哪种机床上加工最为合理。

2. 检查零件图的完整性和正确性

由于数控铣削加工程序是以准确的坐标点来编制的，因此，各图形几何要素之间的相互关系(如相切、相交、垂直、平行及同心等)应明确；各种几何要素的条件要充分，应无引起矛盾的多余尺寸或影响工序安排的封闭尺寸；尺寸、公差和技术要求是否标注齐全，等等。例如，在实际加工中，常常会遇到图纸中缺少尺寸，给出的几何要素的相互关系不够明确，使编程计算无法完成，或者虽然给出了几何要素的相互关系，但同时又给出了引起矛盾的相关尺寸，同样给数控编程计算带来困难。另外，要特别注意零件图纸各方向尺寸

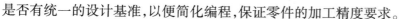

是否有统一的设计基准,以便简化编程,保证零件的加工精度要求。

采用自动编程根据零件图纸建立复杂表面数学模型后,必须仔细地检查数学模型的完整性、合理性和几何拓扑关系的逻辑性。数学模型的完整性是指数学模型是否全面表达图纸所表达的零件真实形状;合理性是指生成的数学模型中的曲面是否满足曲面造型的要求,主要包括曲面参数对应性、曲面的光顺性等,曲面不能有异常的凸起和凹坑;几何拓扑关系的逻辑性是指曲面与曲面之间的相互关系,主要包括曲面与曲面之间的连接是否满足指定的要求(如位置连续性、切矢连续性、曲率连续性等),以及曲面的修剪是否干净、彻底等。

3. 零件的结构工艺性分析

零件的结构工艺性是指所设计的零件在满足使用要求的前提下制造的可行性和经济性。良好的结构工艺性可使零件加工容易,节省工时和材料,而较差的零件结构工艺性会使加工困难,浪费工时和材料,有时甚至无法加工。因此,零件各加工部位的结构工艺性应符合数控加工的特点。

1)零件图纸上的尺寸标注应方便编程

编程方便与否常常是衡量数控工艺性好坏的一个指标。在实际生产中,零件图纸上尺寸标注方法对工艺性影响较大。因此,零件图纸尺寸标注应符合数控加工编程方便的原则。

2)分析零件的变形情况,保证获得要求的加工精度

零件尺寸所要求的加工精度、尺寸公差是否都可得到保证,不要认为数控铣床加工精度高而放弃这种分析,特别要注意过薄的底板与肋板的厚度公差,"铣工怕铣薄",数控铣削也是一样,过薄的底板或肋板在加工时因产生的切削拉力及薄板的弹力退让极易产生切削面的振动,使薄板厚度尺寸公差难以保证,其表面粗糙度也将恶化或变坏。零件在数控铣削加工时的变形,不仅影响加工质量,而且当变形较大时,将使加工不能继续下去。根据实践经验,当面积较大的薄板厚度小于 3 mm 时,就应在工艺上充分重视这一问题。一般采取以下预防措施:

①对大面积的薄板零件,改进装夹方式,采用合适的加工顺序和刀具。

②采用适当的热处理方法,如对钢件进行调质处理,对铸铝件进行退火处理。

③采用粗、精加工分开及对称去除余量等措施来减小或消除变形的影响。

④充分利用数控机床的循环功能,减小每次进刀的切削深度或切削速度,从而减小切削力,控制零件在加工过程中的变形。

3)尽量统一零件轮廓内圆弧的有关尺寸

(1)轮廓内圆弧半径 R 常常限制刀具的直径

内槽(内型腔)圆角的大小决定着刀具直径的大小,故内槽(内型腔)圆角半径不应太小。如图 3-1-15 所示的零件,其结构工艺性的好坏与被加工轮廓的高低、转角圆弧半径的大小等因素有关。图 3-1-15(b)与图 3-1-15(a)相比,转角圆弧半径大,可采用较大直径的立铣刀来加工;加工平面时,进给次数也相应减少,表面加工质量也会好一些,故图 3-1-15(b)工艺性较好。通常 $R < 0.2H$ 时,可以判定零件在该部位的工艺性不好。

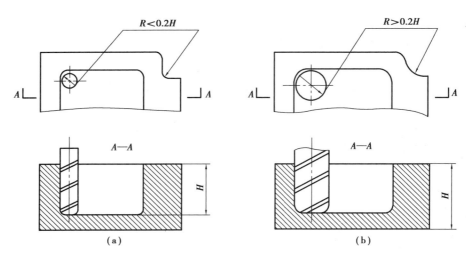

图 3-1-15　内槽（内型腔）结构工艺性对比

（2）转接圆弧半径值大小的影响

转接圆弧半径小，可采用较大铣刀加工槽底平面，加工效率高且加工表面质量也较好，因此工艺性较好。

铣槽底平面时，槽底圆角半径 r 不要过大。如图 3-1-16 所示，铣刀端面刃与铣削平面的最大接触直径 $d = D - 2r$（D 为铣刀直径）。当 D 一定时，r 越大，铣刀端面刃铣削平面的面积越小，加工平面的能力就越差，效率就越低，工艺性也越差。当 r 大到一定程度时，甚至必须用球头铣刀加工，这是应该尽量避免的。当铣削的底面面积较大，底部圆弧 r 也较大时，只能用两把 r 不同的铣刀分两次进行铣削。

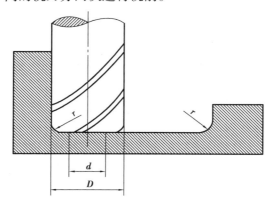

图 3-1-16　零件槽底平面圆弧对铣削工艺的影响

在一个零件上，凹圆弧半径在数值上一致性的问题对数控铣削的工艺性显得非常重要。零件的外形、内腔最好采用统一的几何类型或尺寸，这样可减少换刀次数，使编程方便，有利于提高生产效率。一般来说，即使不能寻求完全统一，也要力求将数值相近的圆弧半径分组靠拢，达到局部统一，以尽量减少铣刀规格和换刀次数，并避免因频繁换刀而增加零件加工面上的接刀阶差，降低表面加工质量。

4）保证基准统一原则

有些零件需要多次装夹才能完成加工（见图 3-1-17），由于数控铣削不能像普通铣床加工时常用"试切法"来接刀，往往会因为零件的重新安装而接不好刀。为了避免上述问题的产生，减小两次装夹误差，最好采用统一基准定位，因此，零件上应有合适的孔作定位基准孔。如果零件上没有基准孔，也可专门设置工艺孔作为定位基准（如在毛坯上增加工艺凸耳或在后续工序要铣去的余量上设基准孔）；如果无法制出基准孔，最基本的也要用经过精加工的面作为统一基准；如果上述两种条件均不能满足，则最好只加工其中一个最复杂的面，另一面放弃数控铣削而改由通用铣床加工。

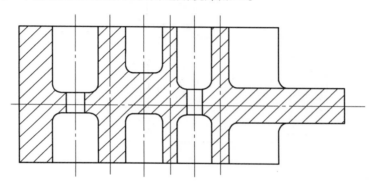

图 3-1-17　必须两次安装加工的零件

有关数控铣削零件的结构工艺性实例见表 3-1-1。

表 3-1-1　数控铣削零件加工部位结构工艺性实例

序号	A 工艺性差的结构	B 工艺性好的结构	说　明
1	$R_2 < \left(\frac{1}{5} \sim \frac{1}{6}\right)H$	$R_2 > \left(\frac{1}{5} \sim \frac{1}{6}\right)H$	B 结构可选用较高刚性刀具
2			B 结构需用刀具比 A 结构少,减少了换刀的辅助时间
3			B 结构 R 大、r 小,铣刀端刃铣削面积大,加工效率高

续表

序号	A 工艺性差的结构	B 工艺性好的结构	说　明
4	$a < 2R$	$a > 2R$　$a > 2R$ $a > 2R$	B 结构 $a > 2R$,便于半径为 R 的铣刀进入,所需刀具少,加工效率高
5	$\frac{H}{b} > 10$	$\frac{H}{b} \leqslant 10$	B 结构刚性好,可用大直径铣刀加工,加工效率高

4.零件毛坯的工艺性分析

在分析数控铣削零件的结构工艺性时,还需要分析零件的毛坯工艺性。零件在进行数控铣削加工时,因加工过程的自动化,故余量大小、如何装夹等问题在设计毛坯时就应仔细考虑好;否则,如果毛坯不适合数控铣削,加工将很难进行下去。数控铣削零件的毛坯工艺性分析主要分析以下 3 点:

1)毛坯应有充分、稳定的加工余量

毛坯主要是指锻件、铸件。锻件在锻造时欠压量与允许的错模量会造成余量不均匀;铸件在铸造时因砂型误差、收缩量及金属液体的流动性差不能充满型腔等造成余量不均匀。此外,铸造、锻造后,毛坯的挠曲和扭曲变形量的不同也会造成加工余量不充分、不稳定。因此,除板料外,不论是锻件、铸件还是型材,只要准备采用数控铣削加工,其加工面均应有充分的余量。经验表明,数控铣削中最难保证的是加工面与非加工面之间的尺寸,对这一点应引起特别的重视。因此,如果已确定或准备采用数控铣削加工,就应事先对毛坯的设计进行必要的更改或在设计时就加以充分考虑,即在零件图样注明的非加工面处增加适当的余量。

2)分析毛坯的装夹适应性

主要考虑毛坯在加工时定位和夹紧的可靠性与方便性,以便在一次安装中加工出较多表面。对不便装夹的毛坯,可考虑在毛坯上另外增加装夹余量或工艺凸台、工艺凸耳等辅助基准。如图 3-1-18 所示,该工件缺少合适的定位基准,在毛坯上铸出两个工艺凸耳,在凸上制出定位基准孔。

3)分析毛坯的变形、余量大小及均匀性

分析毛坯加工中与加工后的变形程度,考虑是否应采取预防性措施和补救措施。例

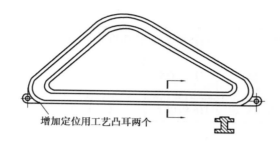

增加定位用工艺凸耳两个

图 3-1-18　增加毛坯辅助基准示例

如,对热轧中、厚铝板,经淬火时效后很容易加工变形,这时最好采用经预拉伸处理的淬火板坯。对毛坯余量大小及均匀性,主要考虑在加工中是否要分层铣削,分几层铣削。在自动编程时,这个问题尤其重要。

三、数控铣削加工工艺路线设计

拟订数控铣削加工工艺路线的主要内容包括选择各加工表面的加工方法、划分加工阶段、划分加工工序、确定加工顺序(工序顺序安排)及进给加工路线(又称走刀路线)确定等。因生产批量的差异,故即使是同一零件的数控铣削加工工艺方案也有所不同。拟订数控铣削加工工艺时,应根据具体生产批量、现场生产条件、生产周期等情况,拟订经济、合理的数控铣削加工工艺。

1. 加工方法选择

数控铣削加工应重点考虑以下方面:能保证零件的加工精度和表面粗糙度要求;使走刀路线最短,这样既可简化编程程序段,又可减少刀具空行程时间,提高加工效率;应使节点数值计算简单,程序段数量少,以减少编程工作量。一般根据零件的加工精度、表面粗糙度、材料、结构形状、尺寸及生产类型确定零件表面的数控铣削加工方法和加工方案。

1)平面加工方法的选择

数控铣削平面主要采用端铣刀、立铣刀和面铣刀加工。粗铣的尺寸精度和表面粗糙度一般为 IT10—IT12,表面粗糙度 $Ra6.3 \sim 25 \ \mu m$;精铣的尺寸精度和表面粗糙度一般为 IT7—IT9,表面粗糙度 $Ra1.6 \sim 6.3 \ \mu m$;当零件表面粗糙度要求较高时,应采用顺铣方式。平面加工精度经济的加工方法(表内铣削加工方法采用数控铣削)见表 3-1-2。

表 3-1-2　平面加工精度经济加工方法

序号	加工方法	经济精度级	表面粗糙度 Ra 值/μm	适用范围
1	粗铣—精铣或 粗铣—半精铣—精铣	IT7—IT9	1.6 ~ 6.3	一般不淬硬平面
2	粗铣—精铣—刮研或 粗铣—半精铣—精铣—刮研	IT6—IT7	0.4 ~ 1.6	精度要求较高的不淬硬平面
3	粗铣—精铣—磨削	IT7	0.4 ~ 1.6	精度要求高的淬硬平面
4	粗铣—精铣—粗磨—精磨	IT6—IT7	0.2 ~ 0.8	

续表

序号	加工方法	经济精度级	表面粗糙度 Ra 值/ μm	适用范围
5	粗铣—半精铣—拉	IT7—IT8	$0.4 \sim 1.6$	大量生产,较小的平面（精度视拉刀精度而定）
6	粗铣—精铣—磨削—研磨	IT6 级以上	$0.05 \sim 0.2$	高精度平面

2）平面轮廓的加工方法

这类零件的表面多由直线和圆弧或各种曲线构成,通常采用 3 坐标数控铣床进行2.5 轴坐标加工。如图 3-1-19 所示为由直线和圆弧构成的零件平面轮廓 $ABCDEA$,采用半径为 R 的立铣刀沿周向加工,虚线 $A'B'C'D'E'A'$ 为刀具中心的运动轨迹。为保证加工面光滑,刀具沿 PA' 切入,沿 $A'K$ 切出。

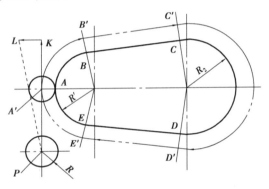

图 3-1-19　平面轮廓铣削

3）固定斜角平面的加工方法

固定斜角平面是与水平面成一固定夹角的斜面。常用的加工方法如下：

①当零件尺寸不大时,可用斜垫板垫平后加工；如果机床主轴可以摆角,则可摆成适当的定角,用不同的刀具来加工,如图 3-1-20 所示。当零件尺寸很大、斜面斜度又较小时,常用行切法加工（"行切法"加工,即刀具与零件轮廓的切点轨迹是一行一行的,行间距按零件加工精度要求而确定）,但加工后,会在加工面上留下残留面积,需要用钳修方法加以清除,用 3 坐标数控立铣加工飞机整体壁板零件时常用此法。当然,加工斜面的最佳方法是采用 5 坐标数控铣床,主轴摆角后加工,可以不留残留面积。

②对如图 3-1-9（b）所示轮廓面 B 的正圆台表面,一般可用专用的角度成形铣刀加工。其效果比采用 5 坐标数控铣床摆角加工更好。

4）变斜角面的加工

①对曲率变化较小的变斜角面,用 x,y,z 和 $A4$ 坐标联动的数控铣床,采用立铣刀（但当零件斜角过大,超过机床主轴摆角范围时,可用角度成形铣刀加以弥补）以插补方式摆角加工,如图 3-1-21（a）所示。加工时,为保证刀具与零件型面在全长上始终贴合,刀具绕 A 轴摆角度。

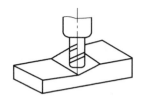

（a）主轴垂直端刃加工

（b）主轴摆角后侧刃加工

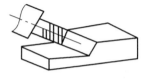

（c）主轴摆角后端刃加工

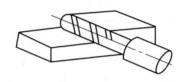

（d）主轴水平侧刃加工

图 3-1-20 主轴摆角加工固定斜面

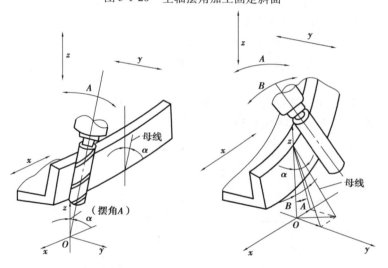

（a）4 坐标联动加工　　　　　（b）5 坐标联动加工

图 3-1-21 4 坐标、5 坐标数控铣床加工零件变斜角面

　　②对曲率变化较大的变斜角面，用 4 坐标联动加工难以满足加工要求，最好用 x，y，z，A 和 B（或 C 转轴）的 5 坐标联动数控铣床，以圆弧插补方式摆角加工，如图 3-1-21（b）所示。其中夹角 A 和 B 分别是零件斜面母线与 z 坐标轴夹角 α 在 zOy 平面上和 xOy 平面上的分夹角。

　　③采用 3 坐标数控铣床两坐标联动，利用球头铣刀和鼓形铣刀，以直线或圆弧插补方式进行分层铣削加工，加工后的残留面积用钳修方法清除。如图 3-1-22 所示为用鼓形铣刀分层铣削变斜角面的情形。由于鼓形铣刀的鼓径可做得比球头铣刀的球径大，因此，加工后的残留面积高度小，加工效果比球头刀好。

5）曲面轮廓的加工方法

立体曲面的加工应根据曲面形状、刀具形状及精度要求采用不同的铣削加工方法，如 2.5 轴、3 轴、4 轴及 5 轴等联动加工。

①对曲率变化不大和精度要求不高的曲面粗加工，常采用 2.5 轴坐标的行切法加工，即 x，y，z 3 轴中任意 2 轴作联动插补，第三轴作单独的周期进给。如图 3-1-23 所示，将 x 向分成若干段，球头铣刀沿 yOz 面所截的曲线进行铣削，每一段加工完后进给 Δx，再加工另一相邻曲线，如此依次切削即可加工出整个曲面。在行切法中，要

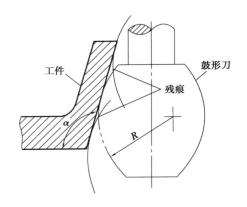

图 3-1-22　用鼓形铣刀分层铣削变斜角面

根据轮廓表面粗糙度的要求及刀头不干涉相邻表面的原则选取 Δx。球头铣刀的刀头半径应选得大一些，有利于散热，但刀头半径应小于内凹曲面的最小曲率半径。

②对曲率变化较大和精度要求较高的曲面精加工，常用 x，y，z 3 坐标联动插补的行切法加工。如图 3-1-24 所示，P_{yz} 平面为平行于坐标平面的一个行切面，它与曲面的交线为 ab。由于是 3 坐标联动，球头铣刀与曲面的切削点始终处在平面曲线 ab 上，因此，可获得较规则的线。

③对像叶轮、螺旋桨这样的复杂零件，因其叶片形状复杂，刀具容易与相邻表面干涉，常用 x，y，z，A 和 B 的 5 坐标联动数控铣床加工。

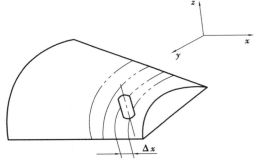

图 3-1-23　2.5 轴坐标行切加工曲面

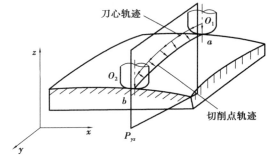

图 3-1-24　3 轴联动行切加工曲面的切削点轨迹

2. 划分加工阶段

当数控铣削零件的加工质量要求较高时，往往不可能用一道工序来满足要求，而要用几道工序逐步达到所要求的加工质量。为保证加工质量并合理地使用设备，零件的加工过程通常按工序性质不同，分为粗加工、半精加工、精加工及光整加工 4 个阶段。

1）粗加工阶段

粗加工阶段的主要任务是切除毛坯上各表面的大部分多余金属，使毛坯在形状和尺寸上接近零件成品。其目的是提高生产率。

2）半精加工阶段

半精加工阶段的主要任务是使主要表面达到一定的精度，留有一定的精加工余量，为主要表面的精加工（精铣或精磨）做好准备，并可完成一些次要表面加工，如扩孔、攻螺纹和铣键槽等。

3）精加工阶段

精加工阶段的主要任务是保证各主要表面达到图纸规定的尺寸精度和表面粗糙度要求。其目的是保证加工质量。

4）光整加工阶段

光整加工阶段的主要任务是对零件上精度和表面粗糙度要求很高（IT6 级以上，表面粗糙度为 $Ra0.2\ \mu m$ 以下）的表面，需要进行光整加工。其目的是提高尺寸精度，减小表面粗糙度。

划分加工阶段的目的如下：

①保证加工质量。使粗加工产生的误差和变形，通过半精加工和精加工予以纠正，并逐步提高零件的精度和表面质量。

②合理使用设备。避免以精干粗，充分发挥机床的性能，延长使用寿命。

③便于安排热处理工序，使冷热加工工序配合得更好，热处理变形可通过精加工予以消除。

④有利于及早发现毛坯的缺陷（如铸件的砂眼、气孔等）。粗加工时发现毛坯缺陷，及时予以报废，以免继续加工造成工时的浪费。

加工阶段的划分不是绝对的，必须根据工件的加工精度要求和工件的刚性来决定。一般来说，工件精度要求越高、刚性越差，划分阶段应越细；当工件批量小、精度要求不太高、工件刚性较好时，也可不分或少分阶段。

3. 划分加工工序

数控铣削的加工对象根据机床的不同也是不一样的。立式数控铣床一般适用于加工平面凸轮、样板、形状复杂的平面或立体曲面零件，以及模具的内外型腔等。卧式数控铣床一般适用于加工箱体、泵体和壳体等零件。

在数控铣床上加工零件，工序较集中，一般只需一次装夹即可完成全部工序的加工。为了提高数控铣床的使用寿命、保持数控铣床的精度、降低零件的加工成本，通常是把零件的粗加工，特别是零件的基准面、定位面在普通机床上加工。加工工序的划分通常采用工序集中原则和工序分散原则。单件、小批量生产时，通常采用工序集中原则；成批生产时，可按工序集中原则划分，也可按工序分散原则划分，应视具体情况而定。对于结构尺寸和质量都很大的重型零件，应采用工序集中原则，以减少装夹次数和运输量；对于刚性差、精度高的零件，应按工序分散原则划分工序。

在数控铣床上加工的零件，一般按工序集中原则划分工序。其划分方法如下：

1）刀具集中分序法

这种方法就是按所用刀具来划分工序的。首先用同一把刀具加工完成所有可以加工的部位，然后再换刀。这种方法可减少换刀次数，缩短辅助时间，减少不必要的定位误差。

2）粗、精加工分序法

根据零件的形状、尺寸精度等因素，按粗、精加工分开的原则，先粗加工，再半精加工，最后精加工。这种划分方法适用于加工后变形较大，需粗、精加工分开的零件，如毛坯为铸件、焊接件或锻件的零件。

3）加工部位分序法

即以完成相同型面的那一部分工艺过程作为一道工序，一般先加工平面、定位面，再加工孔；先加工形状简单的表面，再加工复杂的几何形状表面；先加工精度较低的部位，再加工精度较高的部位。

4）安装次数分序法

以一次安装完成的那一部分工艺过程作为一道工序。这种划分方法适用于工件的加工内容不多、加工完成后就能达到待检状态。

4. 加工顺序（工序顺序安排）

数控铣削加工顺序安排是否合理，将直接影响零件的加工质量、生产率和加工成本。应根据零件的结构和毛坯状况，结合定位及夹紧的需要综合考虑，重点应保证工件的刚度不被破坏，尽量减少变形。

制订零件数控铣削加工工序一般遵循下列原则：

1）基面先行原则

用作精基准的表面，要首先加工出来，因为定位基准的表面越精确，装夹误差就越小。因此，第一道工序一般是进行定位面的粗加工和半精加工（有时包括精加工），然后再以精基准面定位加工其他表面。

2）先粗后精原则

先安排粗加工，中间安排半精加工，后安排精加工和光整加工，逐步提高加工表面的加工精度，减小加工的表面粗糙度。

3）先主后次原则

先安排零件的装配基面和工作表面等主要表面的加工，后安排如键槽、紧固用的光孔和螺纹孔等次要表面的加工。由于次要表面加工工作量小，又常与主要表面有位置精度要求，因此，一般放在主要表面的半精加工之后、精加工之前进行。

4）先面后孔原则

对箱体、支架类零件，平面轮廓尺寸较大，首先加工用作定位的平面和孔的端面，然后再加工孔，特别是钻孔，故孔的轴线不易偏斜。这样，可使工件定位夹紧稳定可靠，利于保证孔与平面的位置精度，减小刀具的磨损，同时也给孔加工带来方便。

5）先内后外原则

一般先进行内型腔加工，后进行外形加工。

5. 进给加工路线的确定

1）逆铣与顺铣的确定

（1）逆铣与顺铣的概念

铣刀的旋转方向和工作台（工件）进给方向相反时称为逆铣，相同时称为顺铣，如图

3-1-25 所示。

（2）逆铣与顺铣的特点

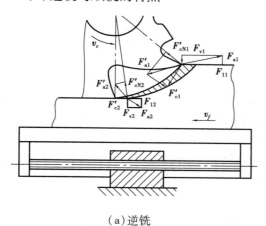

（a）逆铣

（b）逆铣丝杠螺母间传动面始终紧贴

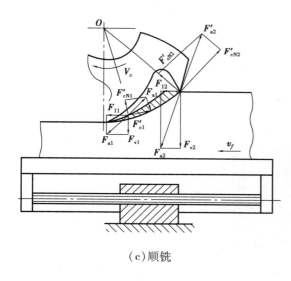

（c）顺铣

（d）顺铣丝杠与螺母传动副
右侧面瞬间出现间隙

图 3-1-25　逆铣与顺铣

1—螺母；2—丝杠

逆铣时（见图 3-1-25（a）），刀具从已加工表面切入，切削厚度从零逐渐增大；刀齿在已加工表面上滑行、挤压，使这段表面产生严重的冷硬层，下一个刀齿切入时，又在冷硬层表面滑行、挤压，不仅使刀齿容易磨损，而且使工件的表面粗糙度增大；刀齿在已加工面处切入工件时，因切屑变形大，切屑作用在刀具上的力使刀具实际切深加大，故可能会产生"挖刀"式的多切，造成后续加工余量不足。同时，刀齿切离工件时垂直方向的切削分力 F_{v1} 有把工件从工作台上挑起的倾向，因此需较大的夹紧力。但逆铣时，刀齿从已加工表面切入，不会造成从毛坯面切入而"打刀"；另外，其水平切削分力与工件进给方向相反，使铣床工作台纵向进给的丝杠与螺母传动面始终是右侧面抵紧（见图 3-1-25（b）），不会受丝杠螺母副间隙的影响,铣削较平稳。

顺铣时(见图3-1-25(c)),刀具从待加工表面切入,切削厚度从最大逐渐减小为零,切入时冲击力较大;刀齿无滑行、挤压现象,对刀具耐用度有利;其垂直方向的切削分力 F_{v2} 向下压向工作台,减小了工件上下的振动,对提高铣刀加工表面质量和工件的夹紧有利。但顺铣的水平切削分力与工件进给方向一致,当水平切削分力大于工作台摩擦力(如遇到加工表面有硬皮或硬质点)时,使工作台带动丝杠向左窜动,丝杠与螺母传动副右侧面出现间隙(见图3-1-25(d)),硬点过后丝杠螺母副的间隙恢复正常(左侧间隙),这种现象对加工极为不利,会引起"啃刀"或"打刀"现象,甚至损坏夹具或机床。

上述逆铣与顺铣是对铣刀中心线与铣削平面空间平行而言的,如卧式数控铣床铣削工件的平面与铣刀中心线空间平行;对铣刀中心线与铣削平面垂直的平面铣削,如立式数控铣床铣削工件平面,则铣刀在铣削过程中逆铣与顺铣同时存在,如图3-1-26所示。

(3)逆铣、顺铣的选择

根据上述分析,当工件表面有硬皮、机床的进给机构有间隙时,应选用逆铣。因为逆铣时,刀齿是从已加工表面切入的,不会崩刃,机床进给机构的间隙不会引起振动和爬行,所以粗铣时应尽量采用逆铣。当工件表面无硬皮、机床进给机构无间隙时,应选用顺铣。因为顺铣加工后,零件表面质量好,刀齿磨损小,所以精铣时,尤其是零件材料为铝镁合金、钛合金或耐热合金时,应尽量采用顺铣。一般精铣采用顺铣。

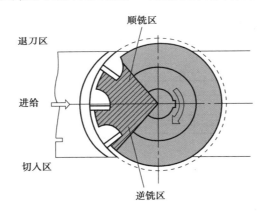

图3-1-26 铣刀中心线与铣削平面垂直的平面铣削

由于数控铣床基本上都采用滚珠丝杠螺母副传动,进给传动机构一般无间隙或间隙值极小,因此,如果加工的毛坯硬度不高、尺寸大、形状复杂、成本高,即使粗加工,一般也应采用顺铣,这对减少刀具的磨损和避免粗加工时逆铣可能产生"挖刀"式多切而造成后续加工余量不足、工件可能报废大有好处。

在数控铣床主轴正向旋转、刀具为右旋铣刀时,顺铣正好符合左刀补(即G41),逆铣正好符合右刀补(即G42)。因此,一般情况下,精铣用G41建立刀具半径补偿,粗铣用G42建立刀具半径补偿。

2)加工工艺路线

加工路线是刀具在整个加工工序中相对于工件的运动轨迹。它不仅包括了工步的内

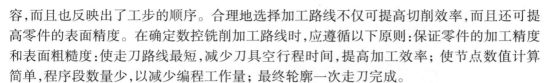

容,而且也反映出了工步的顺序。合理地选择加工路线不仅可提高切削效率,而且还可提高零件的表面精度。在确定数控铣削加工路线时,应遵循以下原则:保证零件的加工精度和表面粗糙度;使走刀路线最短,减少刀具空行程时间,提高加工效率;使节点数值计算简单,程序段数量少,以减少编程工作量;最终轮廓一次走刀完成。

(1)铣削平面类零件的加工路线

铣削平面类零件外轮廓时,一般采用立铣刀侧刃进行切削。为减少接刀痕迹,保证零件表面质量,对刀具的切入和切出程序需要精心设计。

①铣削外轮廓的加工路线

当铣削平面零件外轮廓时,一般采用立铣刀侧刃切削。刀具切入工件时,应避免沿零件外轮廓的法向切入,而应沿切削起始点延长线的切向逐渐切入工件,以避免在切入处产生刀具的划痕而影响加工表面质量,保证零件曲线的平滑过渡。在切离工件时,也应避免在切削终点处直接抬刀,要沿着切削终点延长线的切向逐渐切离工件。如图 3-1-27 所示,铣刀的切入和切出点应沿零件轮廓曲线的延长线上切入和切出零件表面,而不应沿法向直接切入零件,以避免加工表面产生划痕,保证零件轮廓光滑。

当用圆弧插补方式铣削零件外轮廓或整圆加工时(见图 3-1-28),要安排刀具从切向进入圆周铣削加工。当整圆加工完毕后,不要在切点处 2 直接退刀,而应让刀具沿切线方向多运动一段距离,以免取消刀补时刀具与工件表面相碰,造成工件报废。

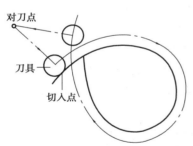

图 3-1-27 外轮廓加工刀具的切入和切出

图 3-1-28 外轮廓加工刀具的切入和切出

②铣削内轮廓的加工路线

当铣削封闭的内轮廓表面时,若内轮廓曲线允许外延,则应沿切线方向切入切出。若内轮廓曲线不允许外延(见图 3-1-29),则刀具只能沿内轮廓曲线的法向切入切出,并将其切入、切出点选在零件轮廓两几何元素的交点处。当内部几何元素相切无交点时,为防止刀补取消时在轮廓拐角处留下凹口,刀具切入、切出点应远离拐角,如图 3-1-30 所示。

当用圆弧插补铣削内圆弧时,也要遵循从切向

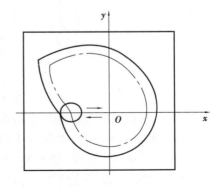

图 3-1-29 内轮廓加工刀具的切入和切出

切入、切出的原则,最好安排从圆弧过渡到圆弧的加工路线,以提高内孔表面的加工精度和质量,如图 3-1-31 所示。

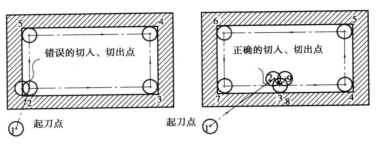

图 3-1-30　无交点内轮廓加工刀具的切入和切出

③铣削内槽(内型腔)的加工路线

所谓内槽,是指以封闭曲线为边界的平底凹槽。它一般用平底立铣刀加工,刀具圆角半径应符合内槽的图纸要求。如图 3-1-32 所示为加工内槽的 3 种进给路线。图 3-1-32(a)和图 3-1-32(b)分别为用行切法和环切法加工内槽。两种进给路线的共同点是:都能切净内腔槽中的全部面积,不留死角,不伤轮廓,同时尽量减少重复进给的搭接量;其不同点是:行切法的进给路线比环切法短,但行切法将在每两次进给的起点与终点间留下残留面积,从而达不到所要求的加工表面粗糙度。用环切法加工获得的零件表面粗糙度要好于行切法,但环切法需要逐次向外扩展轮

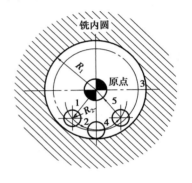

图 3-1-31　内轮廓加工刀具的切入和切出

廓线,刀位点计算稍微复杂一些。采用如图 3-1-32(c)所示的进给路线,即先用行切法切去中间部分余量,最后用环切法环切一刀光整轮廓表面,既能使总的进给路线较短,又能获得较好的表面粗糙度。

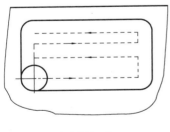　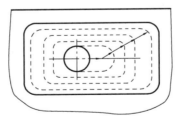　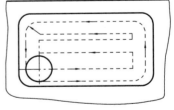

(a)行切法　　　　　(b)环切法　　　　　(c)行切法 + 环切法

图 3-1-32　内槽的加工路线

(2)铣削曲面类零件的加工路线

铣削曲面类零件时,常用球头铣刀采用"行切法"进行加工。对边界敞开的曲面加工,可采用两种加工路线,如图 3-1-33 所示的发动机大叶片。当采用如图 3-1-33(a)所示的加工方案时,每次沿直线加工,刀位点计算简单,程序少,加工过程符合直纹曲面的形成,可准确保证母线的直线度。当采用如图 3-1-33(b)所示的加工方案时,符合这类零件

数据给出情况,便于加工后检验,叶形的准确度较高,但程序较多。由于曲面零件的边界是敞开的,没有其他表面限制,因此,曲面边界可以延伸,球头铣刀应由边界外开始加工。

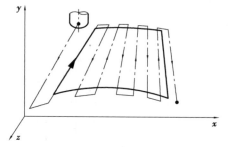 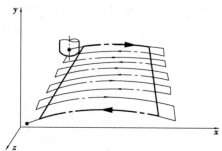

（a）符合直纹曲面形成的加工路线　　　（b）符合给出数学模型的加工路线

图 3-1-33　直纹曲面的加工路线

四、找正装夹方案及夹具选择

1. 找正装夹方案

1）数控铣削零件的装夹定位基准选择

①所选基准应能保证零件定位准确,力求设计基准、工艺基准与编程原点统一,以减少基准不重合误差。

②所选基准与各加工部位间的各个尺寸计算简单,以减少数控编程中的计算工作量。

③所选基准应能保证图纸各项加工精度要求。

2）选择数控铣削零件定位基准应遵循的原则

①尽量选择零件上的设计基准作为定位基准。

②当零件的定位基准与设计基准不能重合且加工面与其设计基准又不能在一次安装内同时加工时,应认真分析装配图纸,确定该零件设计基准的设计功能,通过尺寸链的计算,严格规定定位基准与设计基准之间的公差范围,确保加工精度。

③当无法同时完成包括设计基准在内的全部表面加工时,要考虑用所选基准定位后,一次装夹能够完成全部关键部位的加工。

④定位基准的选择要保证完成尽可能多的加工内容。

⑤批量加工时,零件定位基准应尽可能与建立工件坐标系的对刀基准重合。

⑥必须多次安装时,应遵从基准统一原则。

3）数控铣削零件的找正装夹

当数控铣削零件较复杂、加工面较多时,需要经过多道工序的加工,其位置精度取决于工件的找正装夹方式和装夹精度。数控铣削零件常用的找正装夹方法如下:

（1）直接找正装夹

用划针、百分表或千分表等工具直接找正工件位置并加以夹紧的方法,称为直接找正装夹法。此法生产率低,精度取决于工人的技术水平和测量工具的精度,一般只用于单件或小批量生产,如图 3-1-34 所示。

（2）划线找正装夹

先用划针画出要加工表面的位置,再按划线用划针找正工件在机床上的位置并加以夹紧。由于划线既费时又需要技术高的划线工,因此,一般用于批量不大、形状复杂而笨重的工件或低精度毛坯的加工,如图 3-1-35 所示。

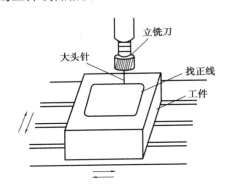

（a）按工件平面上划线找正后装夹

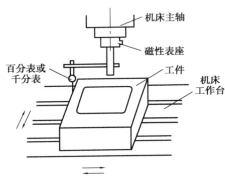

（c）用百分表或千分尺找正装夹

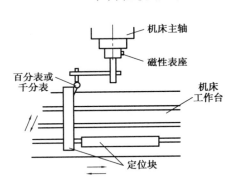

（b）找正虎钳后装工作

（d）用靠表找正定位块后,工作靠紧定位块装夹

图 3-1-34　直接找正装夹

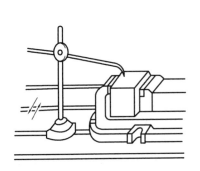

（a）用划针找正工件划线位置后装夹（一）

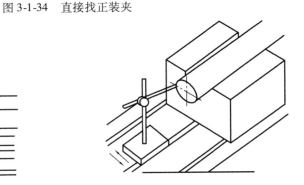

（b）用划针找正工件划线位置后装夹（二）

图 3-1-35　划线找正装夹

（3）用夹具装夹

将工件直接安装在夹具的定位元件上的方法，称为夹具装夹法。这种方法安装迅速方便，定位精度较高且稳定，生产率较高，广泛用于中批生产以上的生产类型。

用夹具装夹工件的方法具有以下优点：

①工件在夹具中的正确定位是通过工件上的定位基准面与夹具上的定位元件相接触而实现的，因此，不再需要找正便可将工件夹紧。

②由于夹具预先在机床上已调整好位置，因此，工件通过夹具相对于机床也就占有了正确的位置。

由此可知，在使用夹具的情况下，机床、夹具、刀具和工件所构成的工艺系统环环相扣，相互之间保持正确的加工位置，从而保证了零件的加工精度。

4）常见数控铣削零件的定位、装夹示例

常见数控铣削零件的定位、装夹示例如图 3-1-36—图 3-1-39 所示。

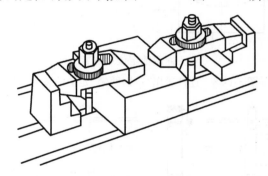

图 3-1-36　直接找正后用压板装夹工件示例

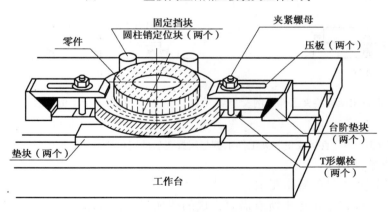

图 3-1-37　找正固定定位块后，工件靠紧定位块用压板装夹工件示例

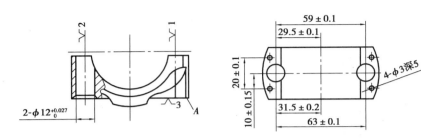

（a）连杆盖工序图

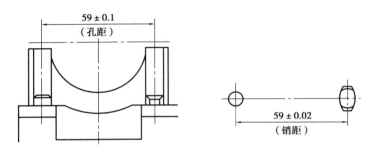

（b）一面两销定位后加紧工件

图 3-1-38　连杆盖用"一面两销"定位的装夹示例

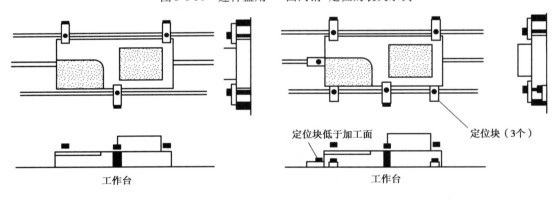

（a）直接找正后用压板装夹工件示例　　　　（b）找正 3 个定位块后，工件靠紧
　　　　　　　　　　　　　　　　　　　　　　定位块用压板工件示例

图 3-1-39　直接找正装夹工件示例与用找正后的定位块靠紧装夹工件示例

2.夹具选择

1）数控铣削对夹具的基本要求

①为保持工件在本工序中所有需要完成的待加工面充分暴露在外，夹具要做得尽可能敞开，夹具上一些组成件（如定位块、压板和螺栓等）不能与刀具运动轨迹发生干涉。因此，夹紧机构元件与加工面之间应保持一定的安全距离，同时要求夹紧机构元件能低则低，以防止夹具与数控铣床主轴套筒或刀套、刀具在加工过程中发生碰撞。如图 3-1-40 所示，用立铣刀铣削零件的六边形，若用压板压住工件的凸台面，则压板易与铣刀发生干

涉;若夹压工件上平面,则不影响进给。

②为保持零件安装方位与机床坐标系及编程坐标系方向的一致性,夹具应不仅能保证在机床上实现定向安装,还要求能协调零件定位面与机床之间保持一定的坐标联系。

③夹具的刚性与稳定性要好。夹紧力应力求靠近主要支承点或刚性好的地方,不能引起零件夹压变形。尽量不采用在加工过程中更换夹紧点的设计,当非要在加工过程中更换夹紧点时,要特别注意不能因更换夹紧点而破坏夹具或工件定位精度。

④夹具结构应力求简单,装卸方便,夹紧可靠,辅助时间尽量短。

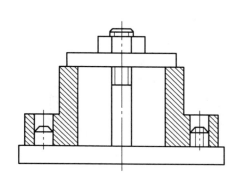
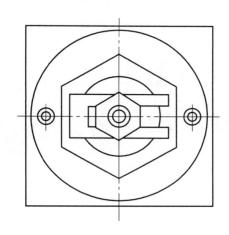

图 3-1-40　不影响进给的装夹示意

2)数控铣削常用夹具

(1)通用夹具

通用夹具是指已经标准化、无须调整或稍加调整就可用来装夹不同工件的夹具,如虎钳、平口台虎钳、铣削用自定心三爪卡盘、铣削用四爪卡盘、分度盘、数控回转工作台及万能分度头等。这类夹具主要用于单件、小批量生产,如图 3-1-41 所示。

(2)气动或液压夹具

气动或液压夹具是指采用气动或液压夹紧工件的夹具。气动或液压夹具适用于生产批量较大,采用其他夹具又特别费工、费力的工件,能减轻工人劳动强度和提高生产率,但此类夹具结构较复杂,造价较高,而且制造周期较长。

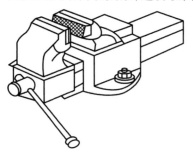
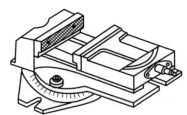
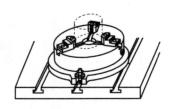

　(a)虎钳　　　　　　　(b)平口台虎钳　　　　(c)铣削用自定心三爪卡盘

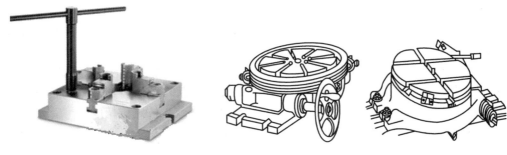

（d）铣削用四爪盘　　　　　　　　　　　（e）分度盘

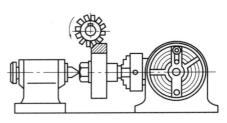

（f）数控回转工作台　　　　　（g）万能分度头及其装夹示例

图 3-1-41　通用夹具

（3）多工位夹具

多工位夹具可同时装夹多个工件,减少换刀次数,便于一边加工、一边装卸工件,有利于缩短辅助时间,提高生产率,适用于中批量生产。

（4）专用铣削夹具

专用铣削夹具是指专为某一工件或类似几种工件而设计制造的专用夹具。其结构紧凑,操作方便,主要用于固定产品的大批量生产。

（5）螺栓压板组合夹具

螺栓压板组合夹具是指以螺栓和压板为主,辅以垫块和支承板、弯板等压紧工件,一般以数控铣床工作台面或在工作台面垫上等高块作为主要定位面,可随意组合的夹具,如图 3-1-42 所示。螺栓压板组合夹具一般用于单件、小批量生产或尺寸较大、形状特殊的零件装夹加工。用螺栓压板组合夹具装夹工件时,一般采用直接找正或划线找正装夹工件。

3）夹具选择

选择数控铣削夹具时,应重点考虑以下 6 点:

①单件、小批量生产时,优先选用通用夹具和螺栓压板组合夹具,以缩短生产准备时间和节省生产费用。

②成批生产时,应考虑采用专用夹具,并力求结构简单。

③零件的装卸要快速、方便和可靠,以缩短机床的停顿时间,减少辅助时间。

④为满足数控铣削加工精度,要求夹具定位、夹紧精度高。

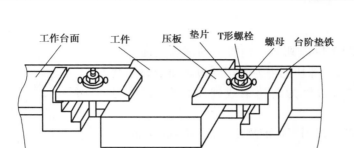

工作台面　　工件　　压板　垫片　T形螺栓　螺母　台阶垫铁

图 3-1-42　螺栓压板组合夹具示例

⑤夹具上各零部件应不妨碍机床对零件各表面的加工,即夹具要敞开,其定位、夹紧元件不能影响加工中的走刀(如产生碰撞等)。

⑥为提高数控铣削加工的效率,批量较大的零件加工可采用气动或液压夹具、多工位夹具。

五、刀具选择

1. 数控铣削刀具的基本要求

1)铣刀刚性要好

铣刀刚性要好的目的:一是为提高生产效率而采用大切削用量的需要;二是为适应数控铣床加工过程中难以调整切削用量的特点。例如,当工件各处的加工余量相差悬殊时,通用铣床遇到这种情况很容易采取分层铣削方法加以解决;而数控铣削就必须按程序规定的走刀路线前进,遇到余量大时无法像通用铣床那样"随机应变",除非在编程时能预先考虑到,否则铣刀必须返回原点,用改变切削面高度或加大刀具半径补偿值的方法从头开始加工,多走几刀。但是,这样势必造成余量少的地方经常走空刀,降低了生产效率。如果刀具刚性较好,就不必这么办。在数控铣削中,因铣刀刚性较差而断刀并造成工件损伤的事例是常有的,因此,解决数控铣刀的刚性问题是至关重要的。

2)铣刀的耐用度要高

尤其是当铣刀加工的内容较多时,如果刀具不耐用而磨损较快,就会影响工件的表面质量与加工精度,也会增加换刀引起的调刀与对刀次数,还会使加工表面留下因对刀误差而形成的接刀痕迹,降低了工件的表面质量。

除上述两点之外,铣刀切削刃的几何角度参数的选择及排屑性能等也非常重要,切屑黏刀形成积屑瘤在数控铣削中是十分忌讳的。总之,根据被加工工件材料的热处理状态、切削性能及加工余量,选择刚性好、耐用度高的铣刀,是充分发挥数控铣床的生产效率和获得满意加工质量的前提。

2. 常用数控铣刀种类

数控铣削刀具要根据被加工零件的材料、几何形状、表面质量要求、热处理状态、切削性能及加工余量等,选择刚性好、耐用度高的刀具。常用数控铣削刀具有面铣刀、立铣刀、模具铣刀、键槽铣刀、球头铣刀、鼓形铣刀、成形铣刀及锯片铣刀等。

1）面铣刀

面铣刀如图 3-1-43 所示。面铣刀的圆周表面和端面上都有切削刃,端部切削刃为副切削刃。面铣刀多制成套式镶齿结构,刀齿为高速钢或硬质合金,刀体为40 Cr。

高速钢面铣刀按国家标准规定,直径 $d = \phi 80$ mm ~ $\phi 250$ mm,螺旋角 $B = 10°$,刀齿数 $z = 10 ~ 26$。

硬质合金面铣刀与高速钢铣刀相比,铣削速度较高,加工表面质量也较好,并可加工带有硬皮和淬硬层的工件,应用较广泛。硬质合金面铣刀按刀片和刀齿的安装方式不同,可分为整体焊接式、机夹焊接式和可转位式 3 种。因整体焊接式和机夹焊接式面铣刀难于保证焊接质量,刀具耐用度低,故目前已被可转位式面铣刀所取代。

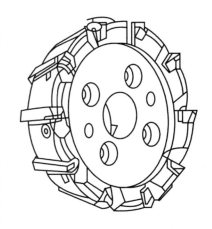

图 3-1-43　面铣刀

可转位式面铣刀是将可转位刀片通过夹紧元件固定在刀体上,当刀片的一个切削刃用钝后,直接在机床上将刀片转位或更换新刀片。因此,面铣刀在提高产品加工质量和加工效率、降低成本、操作使用方便等方面都具有明显的优势,故得到广泛应用。

面铣刀主要用于面积较大的平面铣削和较平坦的立体轮廓多坐标加工,主偏角 $\kappa_r = 90°$ 的面铣刀还可加工小台阶,如图 3-1-44 所示。粗齿铣刀用于粗加工,细齿铣刀用于平稳条件的铣削加工,密齿铣刀用于薄壁铸铁件的加工。如图 3-1-45 所示为用三面刃铣刀加工沟槽的示例。

图 3-1-44　面(盘)铣刀加工示例　　　　图 3-1-45　三面刃铣刀加工沟槽的示例

2）立铣刀

铣刀也称圆柱铣刀,是数控铣加工中最常用的一种铣刀,如图 3-1-46 和图 3-1-47 所示。它广泛用于加工平面类零件。立铣刀的圆柱表面和端面上都有切削刃,它们可同时进行切削,也可单独进行切削。立铣刀圆柱表面的切削刃为主切削刃,端面上的切削刃为副切削刃。主切削刃一般为螺旋齿,如图 3-1-47(a)和图 3-1-47(b)所示,这样可增加切削平稳性,提高加工精度。图 3-1-47(c)和图 3-1-47(d)的切削刃是波形的,它是一种结构先进的立铣刀。其特点是排屑更流畅、切削厚度更大,利于刀具散热,并提高刀具寿命,刀具不易产生振动。

立铣刀按端部切削刃的不同,可分为过中心刃和不过中心刃两种。过中心刃立铣刀可直接轴向进刀,常称端铣刀;不过中心刃立铣刀由于端面中心处无切削刃,因此,它不能作轴向进刀,端面刃主要用来加工与侧面相垂直的底平面。

为了能加工较深的沟槽并保证有足够的备磨量,立铣刀的轴向长度一般较长。为了便于排屑,刀齿数较少,容屑槽圆弧半径则较大。

直径较小的立铣刀一般制成带柄的形式。$\phi2$ mm ~ $\phi20$ mm 的立铣刀制成直柄,如图 3-1-47(b)所示;$\phi6$ mm ~ $\phi63$ mm 的立铣刀为莫氏锥柄,如图 3-1-47(c)所示;$\phi25$ mm ~ $\phi80$ mm 的立铣刀为 7:24 锥柄,如图 3-1-47(a)所示;直径大于 $\phi40$ m ~ $\phi160$ mm 的立铣刀可做成套式结构。

可转位立铣刀刀片为硬质合金刀片并可更换,$\kappa_r = 90°$ 可加工台阶。可转位硬质合金立铣刀刀镶嵌的形式如图 3-1-47(a)所示,被称为"玉米铣刀"。

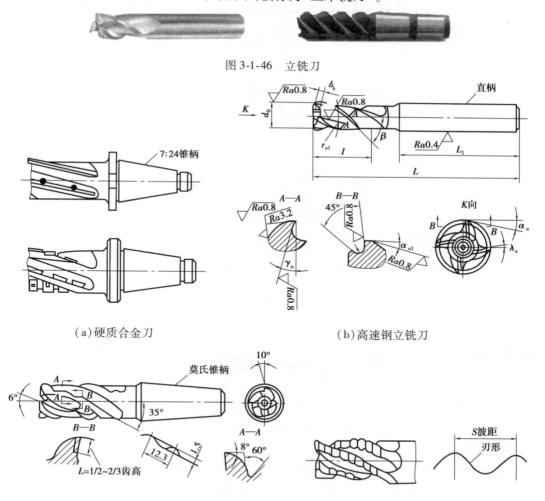

图 3-1-46　立铣刀

（a)硬质合金刀　　　　　　　　　　　（b)高速钢立铣刀

（c)波形立铣刀Ⅰ　　　　　　　　　　（d)波形立铣刀Ⅱ

图 3-1-47　立铣刀

3）模具铣刀

模具铣刀由立铣刀发展而成。它是加工金属模具型面的铣刀的通称。模具铣刀可分为圆锥形立铣刀（圆锥半角有 3°，5°，7°，10°）、圆柱形球头立铣刀和圆锥形球头立铣刀 3 种，如图 3-1-48 和图 3-1-49 所示。其柄部有直柄、削平型直柄和莫氏锥柄 3 种。它的结构特点是球头或端面上布满了切削刃，圆周刃与球头刃圆弧连接，可作径向和轴向进给。铣刀工作部分用高速钢或硬质合金制造，国家标准规定直径 $d = \phi 4\,mm \sim \phi 63\,mm$。小规格的硬质合金模具铣刀多制成整体结构，如图 3-1-49 所示，$\phi 16\,mm$ 以上直径的模具铣刀制成焊接或机夹可转位刀片结构。

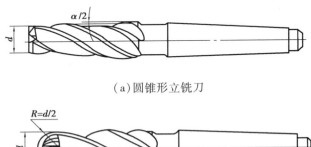

（a）圆锥形立铣刀

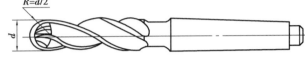

（b）圆柱形球头立铣刀

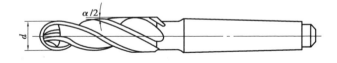

（c）圆锥形球头立铣刀

图 3-1-48　高速钢模具铣刀

（a）圆锥形立铣刀　　　　（b）圆柱形球头立铣刀　　　　（c）圆锥形球头立铣刀

图 3-1-49　硬质合金模具铣刀

4）键槽铣刀

键槽铣刀如图 3-1-50 和图 3-1-51 所示。它有两个刀齿，圆柱面和端面都有切削刃，端面刃延至中心，既像立铣刀，又像钻头。利用键槽铣刀铣削槽铣时，首先轴向进给达到槽深，然后沿键槽方向铣出键槽全长。按国家标准规定，直柄键槽铣刀直径 $\phi 2\,mm \sim \phi 22\,mm$，锥柄键槽铣刀直径 $\phi 14\,mm \sim \phi 50\,mm$。键槽铣刀直径的偏差有 e8 和 d8 两种。

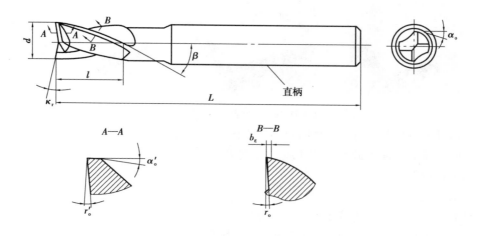

图 3-1-50　键槽铣刀

（a）直柄键槽铣刀

（b）锥柄键槽铣刀

图 3-1-51　键槽铣刀（实图）

5）球头铣刀

球头铣刀适用于加工空间曲面零件,有时也用于平面类零件较大的转接凹圆弧的补加工。球头铣刀如图 3-1-52 所示。如图 3-1-53 所示为用硬质合金球头铣刀加工工件示例。

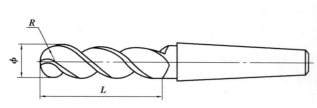

图 3-1-52　球头铣刀

图 3-1-53　硬质合金球头铣刀加工示例

图 3-1-54 为球头铣刀加工空间曲面零件常用的走刀方式。

6）鼓形铣刀

如图 3-1-55 所示为一种典型的鼓形铣刀。它的切削刃分布在半径为 R 的圆弧面上,端面无切削刃。加工时控制刀具上下位置,相应改变刀刃的切削部位,可在工件上切出从负到正的不同斜角。R 越小,鼓形铣刀所能加工的斜角范围越广,其所获得的表面质量也

图 3-1-54　球头铣刀加工空间曲面零件常用的走刀方式

越差。这种刀具的缺点是：刃磨困难，切削条件差，而且不适于加工有底的轮廓表面。鼓形铣刀主要用于对变斜角类零件的变斜角面进行近似加工。

7）成形铣刀

成形铣刀一般都是为特定的工件或加工内容专门设计制造的。它适用于加工平面类零件的特定形状（如角度面、凹槽面等），也适用于特形孔加工。如图 3-1-56 所示为几种常用的成形铣刀。

8）锯片铣刀

按国家标准 GB 6130—1985，锯片铣刀可分为中小型规格的锯片铣刀和大规格锯片铣刀。数控铣床和加工中心主要用中小型规格的锯片铣刀。锯片铣刀主要用于大多数材料的切槽、切

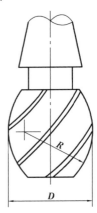

图 3-1-55　鼓形铣刀

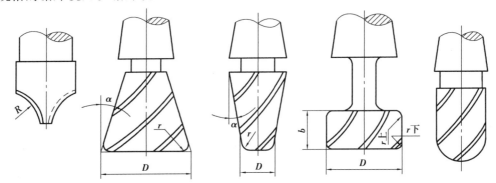

图 3-1-56　几种常用的成形铣刀

断、内外槽铣削、组合铣削、缺口实验的槽加工和齿轮毛坯粗齿加工等。可转位锯片铣刀如图 3-1-57 所示。

3. 数控铣削刀具典型加工表面

数控铣削刀具典型加工表面如图 3-1-58 和图 3-1-59 所示。

图 3-1-57　可转位锯片铣刀

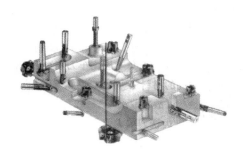 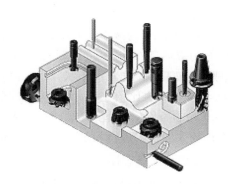

图 3-1-58 数控铣削刀具典型加工表面（一）　　图 3-1-59 数控铣削刀具典型加工表面（二）

4. 铣刀类型的选择

铣刀类型的选择原则如下：

①选取刀具时，要使刀具的尺寸与被加工工件的表面尺寸和形状相适应。

②加工较大的平面应选择面铣刀。

③加工平面零件周边轮廓、凹槽、凸台和较小的台阶面应选择立铣刀。

④加工空间曲面、模具型腔或凸模成形表面等多选用模具铣刀；加工封闭的键槽选用键槽铣刀。

⑤加工变斜角零件的变斜角面应选用鼓形铣刀。

⑥加工立体型面和变斜角轮廓外形常采用球头铣刀、鼓形铣刀。

⑦加工各种直的或圆弧形的凹槽、斜角面、特形孔等应选用成形铣刀。

⑧加工毛坯表面或相加工孔可选用镶硬质合金的"玉米铣刀"。

5. 铣刀参数选择

铣刀参数的选择主要应考虑零件加工部位的几何尺寸和刀具的刚性等因素。数控铣床上使用最多的是可转位面铣刀和立铣刀。因此，下面将重点介绍面铣刀和立铣刀参数的选择。

1）面铣刀主要参数的选择

应根据工件的材料、刀具材料及加工性质的不同来确定面铣刀的几何参数。粗铣时，铣刀直径要小些，因为粗铣切削力大，小直径铣刀可减小切削扭矩。精铣时，铣刀直径要大些，尽量包容工件整个加工宽度，以提高加工精度和效率，减小相邻两次进给之间的接刀痕迹。

因铣削时有冲击，故面铣刀的前角一般较小，尤其是硬质合金面铣刀，前角小得多，铣削强度和硬度都高的材料还可用负前角。铣刀的磨损主要发生在后刀面上，因此，适当加大后角可减少铣刀磨损，故常取 $\alpha_o = 5° \sim 12°$。工件材料软的取大值，工件材料硬的取小值；粗齿铣刀取小值，细齿铣刀取大值。因铣削时冲击力较大，为了保护刀尖，硬质合金面铣刀的刃倾角常取 $\lambda_s = -15° \sim -5°$。主偏角 κ_r 在 $45° \sim 90°$ 选取。铣削铸铁时，取 $\kappa_r = 45°$；铣削一般钢材时，取 $\kappa_r = 75°$；铣削带凸肩的平面或薄壁零件时，取 $\kappa_r = 90°$。

2）立铣刀主要参数的选择

一般情况下，为减少走刀次数，提高铣削速度和铣削用量，保证铣刀有足够的刚性以及良好的散热条件，应尽量选择直径较大的铣刀。但是，选择铣刀直径往往受到零件材料、刚性，加工部位的几何形状、尺寸，以及工艺要求等因素的限制。铣刀的刚性以铣刀直径 D 与刀长 l 的比值来表示，一般取 $D/l > 0.4 \sim 0.5$。当铣刀的刚性不能满足 $D/l > 0.4 \sim 0.5$ 的条件（即刚性较差）时，可采用不同直径的两把铣刀进行粗、精加工。首先选用直径较大的铣刀进行粗加工，然后再选用 D,l 均符合图样要求的铣刀进行精加工。

六、切削用量选择

铣削的切削用量包括切削速度 v_c、进给速度 F、背吃刀量 a_p 和侧吃刀量 a_e，如图 3-1-60 所示。背吃刀量 a_p 为平行于铣刀轴线测量的切削层尺寸，单位为 mm。端铣时，a_p 为切削层深度；而圆周铣时，a_p 为被加工表面的宽度。侧吃刀量 a_e 为垂直于铣刀轴线测量的切削层尺寸，单位为 mm。端铣时，a_e 为被加工表面宽度；而圆周铣削时，a_e 为切削层深度。

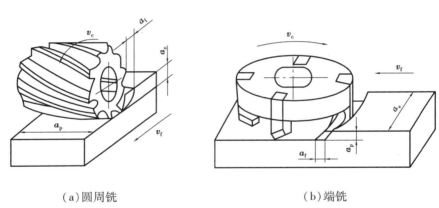

（a）圆周铣　　　　　　　　　　　　（b）端铣

图 3-1-60　铣削切削用量

1. 选择背吃刀量（端铣）或侧吃刀量（圆周铣）

背吃刀量或侧吃刀量的选取主要由加工余量和对表面质量的要求来决定。

从刀具耐用度出发，切削用量的选择方法是：首先选取背吃刀量或侧吃刀量，其次确定进给速度，最后确定切削速度。由于背吃刀量对刀具耐用度影响最小，背吃刀量 a_p 和侧吃刀量 a_e 的确定主要根据机床、夹具、刀具、工件的刚度和被加工零件的精度要求来决定。如果零件精度要求不高，在工艺系统刚度允许的情况下，最好一次切净加工余量，即 a_p 或 a_e 等于加工余量，以提高加工效率；如果零件精度要求高，为保证表面粗糙度和精度，只好采用多次走刀。

①在工件表面粗糙度值要求为 $Ra12.5 \sim 25~\mu m$ 时，如果圆周铣削的加工余量小于 3 mm，端铣的加工余量小于 4 mm，粗铣一次进给就可达到要求。但在余量较大、工艺系统刚性较差或机床动力不足时，可分两次进给完成。

②在工作表面粗糙度值要求为 $Ra3.2 \sim 12.5~\mu m$ 时，可分粗铣和半精铣两步进行。粗铣时背吃刀量或侧吃刀量选取同前，粗铣后留 0.5 ~ 1.0 mm 余量，在半精铣时切除。

③在工件表面粗糙度值要求为 $Ra0.8 \sim 3.2\ \mu m$ 时,可分粗铣、半精铣和精铣3步进行。半精铣时,背吃刀量或侧吃刀量取 $1.5 \sim 2.0$ mm;精铣时,圆周铣侧吃刀量取 $0.1 \sim 0.25$ mm。面铣刀背吃刀量取 $0.15 \sim 0.3$ mm。

2.选择切削进给速度 F

切削进给速度 F 是切削时单位时间内工件与铣刀沿进给方向的相对位移,单位为 mm/min。它与铣刀转速 n、铣刀齿数 z 和每齿进给量 f_z(单位为 mm/z)的关系为

$$F = f_z z n$$

每齿进给量 f_z 的选取主要取决于工件材料的力学性能、刀具材料和工件表面粗糙度等因素。工件材料的强度和硬度越高,f_z 越小;反之,则越大。硬质合金铣刀的每齿进给量高于同类高速钢铣刀。工件表面粗糙度值越小,f_z 就越小。每齿进给量的确定可参考表 3-1-3 选取。工件刚性差或刀具强度低时,应取小值。转速 n 则与切削速度和机床的性能有关。因此,切削进给速度应根据所采用机床的性能、刀具材料和尺寸、被加工零件材料的切削加工性能及加工余量的大小来综合确定。一般原则是:工件表面的加工余量大,切削进给速度低;反之,相反。切削进给速度可由机床操作者根据被加工零件表面的具体情况进行手动调整进给倍率,以获得最佳切削状态。

表 3-1-3　铣刀每齿进给量参考值

工件材料	$f_z/(\mathrm{mm \cdot z^{-1}})$			
	粗　铣		精　铣	
	高速钢铣刀	硬质合金铣刀	高速钢铣刀	硬质合金铣刀
钢	$0.08 \sim 0.12$	$0.10 \sim 0.20$	$0.03 \sim 0.05$	$0.05 \sim 0.12$
铸铁	$0.10 \sim 0.20$	$0.12 \sim 0.25$		

在确定切削进给速度时,要注意以下特殊情况:

①在高速进给的轮廓加工中,由于工艺系统的惯性,在轮廓的拐角处易产生"欠切"(即切外凸表面时在拐角少切了一些余量)和"过切"(即切内凹表面时在拐角处多切了一些金属而损伤了零件的表面)现象,如图 3-1-61 所示。避免"欠切"和"过切"的办法是在接近拐角前适当地降低进给速度,过了拐角后再逐渐增速,即在拐角处前后采用变化的进给速度,从而减少误差。

②加工圆弧段时,因圆弧半径的影响,故切削点的实际进给速度 v_T 并不等于选定的刀具中心进给速度 v_f。由图 3-1-62 可知,加工外圆弧时,切削点的实际进给速度为

$$v_T = \frac{R}{R + r} v_f$$

即 $v_T < v_f$。而加工内圆弧时,由于

$$v_T = \frac{R}{R - r} v_f$$

即 $v_T > v_f$,如果 $R \approx r$,则切削点的实际进给速度将变得非常大,有可能损伤刀具或工件。因此,这时要考虑圆弧半径对工作进给速度的影响。

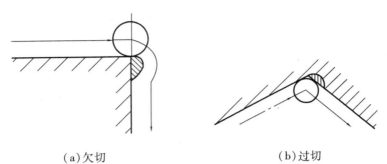

(a)欠切   (b)过切

图 3-1-61　拐角处的"欠切"和"过切"

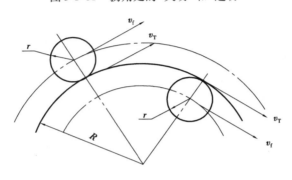

图 3-1-62　切削圆弧的进给速度

在加工过程中,因毛坯尺寸不均匀而引起切削深度的变化,或因刀具磨损引起切削刃切削条件的变化,都会使实际加工状态与编程时的预定情况不一致。如果机床面板上设有"进给速率修调"旋钮时,则操作者可利用它实时修改程序上进给速度指令值来减少误差。

3.选择切削速度 v_c

铣削的切削速度 v_c 与刀具的耐用度 T、每齿进给量 f_z、背吃刀量 a_p、侧吃刀量 a_e 以及铣刀齿数 z 成反比。而与铣刀直径成正比。其原因是当 f_z,a_p,a_e 和 z 增大时,刀刃负荷增加,而且同时工作的齿数也增多,使切削用热增加,刀具磨损加快,从而限制了切削速度的提高。为提高刀具耐用度,允许使用较低的切削速度。但是,加大铣刀直径则可改善散热的条件,因而可提高切削速度。

铣削加工的切削速度可参考表 3-1-4 选取,也可参考有关切削用量手册中的经验公式通过计算选取。

4.主轴转速 n

主轴转速 n 要根据允许的切削速度 v_c 来确定,即

$$n = \frac{1\,000v_c}{3.14d}$$

式中　　d——铣刀直径,mm;

　　　　v_c——切削速度,m/min。

表 3-1-4　铣削加工的切削速度参考值

工件材料	硬度/HBS	$v_c/(\mathrm{m \cdot min^{-1}})$	
		高速钢铣刀	硬质合金铣刀
钢	< 225	18 ~ 42	66 ~ 150
	225 ~ 325	12 ~ 36	54 ~ 120
	325 ~ 425	6 ~ 21	36 ~ 75
铸铁	< 190	21 ~ 36	66 ~ 150
	190 ~ 260	9 ~ 18	45 ~ 90
	260 ~ 320	4.5 ~ 10	21 ~ 30

主轴转速 n 要根据计算值在机床说明书规定的主轴转速范围中选取标准值。

从理论上来讲，v_c 的值越大越好，因为这不仅可提高生产率，而且可避开生成积屑瘤的临界速度，获得较低的表面粗糙度值。但是实际中，由于机床、刀具等限制，使用国内机床、刀具时，采用带涂层硬质合金刀片，允许的切削速度常常只能在 90 ~ 150 m/min 选取，然而对材质较软的铝、镁合金等，v_c 可提高近 1 倍。

七、填写数控加工工序卡及刀具卡

编写数控加工工艺文件是数控加工工艺制订的内容之一。数控加工工艺文件既是数控加工、产品验收的依据，也是需要操作者遵守、执行的作业指导书。数控加工工艺文件是对数控加工的具体说明，目的是让操作者更加明确加工程序的内容、装夹方式、加工顺序、走刀路线、切削用量以及各个加工部位所选用的刀具等。主要的数控加工工艺技术文件有数控加工工序卡和数控加工刀具卡。数控铣削加工工序卡和数控铣削加工刀具卡与数控车削加工工序卡和数控车削加工刀具卡基本一样，具体详见加工案例零件的数控加工工序卡和数控加工刀具卡。

任务评价

评价方式见表 3-1-5。

表 3-1-5　评价表

序号	评价标准	学生测评
1	(1)能高质量、高效率地应用计算机完成资料的检索任务并总结 (2)能分析数控铣削加工工艺设计步骤,总结出它们之间的联系(关系) (3)能分析、拟订数控铣削加工工艺路线的主要内容,并总结出它们之间的联系(关系)以及如何正确拟订数控铣削加工工艺线路 (4)能分析平面轮廓类、固定斜角平面类、变斜角类、曲面轮廓类零件的加工方法,总结出它们之间的联系(关系) (5)能分析平面类、曲面类零件的加工工艺路线及走刀方法,并对结果进行概括总结 (6)能分析数控铣削零件的定位及常用找正装夹方式,总结出它们之间的联系(关系)及如何根据生产批量确定其定位装夹方式	
2	(1)能在无教师的指导下应用计算机完成资料的检索任务并总结 (2)能在无教师的指导下分析数控铣削加工工艺设计步骤并总结 (3)能在无教师的指导下分析、拟订数控铣削加工工艺路线的主要内容并总结 (4)能在无教师的指导下分析平面轮廓类、固定斜角平面类、变斜角类、曲面轮廓类零件的加工方法并总结 (5)能在无教师的指导下分析平面类、曲面类零件的加工工艺路线及走刀方法并总结 (6)能在无教师的指导下分析数控铣削零件的定位及常用找正装夹方式并总结	
3	(1)能在教师的偶尔指导下应用计算机完成资料的检索任务并总结 (2)能在教师的偶尔指导下分析数控铣削加工工艺设计步骤并总结 (3)能在教师的偶尔指导下分析、拟订数控铣削加工工艺路线的主要内容并总结 (4)能在教师的偶尔指导下分析平面轮廓类、固定斜角平面类、变斜角类、曲面轮廓类零件的加工方法并总结 (5)能在教师的偶尔指导下分析平面类、曲面类零件的加工工艺路线及走刀方法并总结 (6)能在教师的偶尔指导下分析数控铣削零件的定位及常用找正装夹方式并总结	
4	(1)能在教师的指导下应用计算机完成资料的检索任务并总结 (2)能在教师的指导下分析数控铣削加工工艺设计步骤并总结 (3)能在教师的指导下分析、拟订数控铣削加工工艺路线的主要内容并总结 (4)能在教师的指导下分析平面轮廓类、固定斜角平面类、变斜角类、曲面轮廓类零件的加工方法并总结 (5)能在教师的指导下分析平面类、曲面类零件的加工工艺路线及走刀方法并总结 (6)能在教师的指导下分析数控铣削零件的定位及常用找正装夹方式并总结	
	等级:优秀;良好;中等;合格	

巩固与提高

1. 以"数控铣削加工工艺设计"为关键词检索"数控铣削加工工艺设计步骤"相关内容,并对结果进行概括总结。

2. 分析数控铣削加工工艺设计步骤,总结出它们之间的联系(关系)。

3. 分析、拟订数控铣削加工工艺路线的主要内容,总结出它们之间的联系(关系),以及如何正确拟订数控铣削加工工艺路线。

4. 分析平面轮廓类、固定斜角平面类、变斜角类、曲面轮廓类零件的加工方法,总结出它们之间的联系(关系)。

5. 分析平面类、曲面类零件的加工工艺路线及走刀方法,并对结果进行概括总结。

6. 分析数控铣削零件的定位及常用找正装夹方式,总结出它们之间的联系(关系),以及如何根据生产批量确定其定位装夹方式。

任务二　平面外轮廓零件加工工艺编制

任务描述

1. 分析数控铣削零件外轮廓的加工方法及走刀路线,计算零件基点坐标;

2. 制订如图 3-2-1 所示凸模加工案例的零件数控铣削加工工艺;

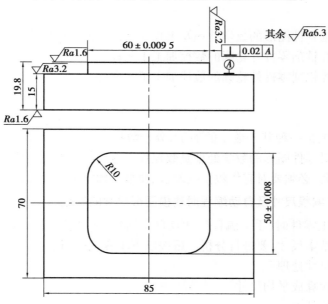

图 3-2-1　外轮廓加工案例零件

3.编制如图 3-2-1 所示凸模加工案例的零件数控加工工序卡、数控加工刀具卡等工艺文件。

凸模加工案例零件说明:该凸模加工案例零件为半成品,小批量生产。该零件上下平面及四周均已按图纸技术要求加工好,要求数控铣削凸台,保证凸台与台阶面垂直度 0.02 mm,凸台长宽分别为 60±0.01 mm 和 50±0.01 mm,凸台高度尺寸 4.8 mm;凸台圆角尺寸 10 mm,凸台铣削表面粗糙度 Ra3.2 μm。

该凸模加工案例零件数控加工工艺规程见表 3-2-1。

表 3-2-1 凸模加工案例零件数控加工工艺规程

工序号	工序内容	刀具号	刀具名称	主轴转速 /(r·min⁻¹)	进给速度 /(mm·min⁻¹)	背吃刀量/mm	机床	夹具
1	粗铣凸台,凸台四周及台阶面留 2.3 mm	T01	φ8 高速钢立铣刀	700	100	2.5	加工中心	专用夹具
2	半精铣凸台,凸台四周及台阶面留0.8 mm	T02	φ8 高速钢立铣刀	600	150	1.5	加工中心	专用夹具
3	精铣凸台至尺寸	T03	φ8 高速钢立铣刀	550	200	0.8	加工中心	专用夹具

能力目标

1.会数控铣削零件图形的数学处理及编程尺寸设定值的确定;
2.会制订数控铣削零件外轮廓的数控加工工艺;
3.会编制数控铣削零件外轮廓的数控加工工艺文件。

相关知识

数控铣削加工是一种基于数字的加工,分析数控加工工艺过程不可避免地要进行数字分析和计算。对零件图形的数学处理是数控加工这一特点的突出体现。数控编程工艺员在拿到零件图后,必须要对它作数学处理,以便最终确定编程尺寸设定值。

一、零件手工编程尺寸及自动编程时建模图形尺寸的确定

数控铣削加工零件时,手工编程尺寸及自动编程零件建模图形的尺寸不能简单地直接取零件图上的基本尺寸,要进行分析。可按以下步骤进行调整:

1.精度高的尺寸处理

将基本尺寸换算成平均尺寸。

2.几何关系的处理

保持原重要的几何关系,如角度、相切等不变。

3. 精度低的尺寸的调整

通过修改一般尺寸保持零件原有几何关系,使之协调。

4. 基点或节点坐标尺寸的计算

按调整后的尺寸计算有关未知基点或节点的坐标尺寸。

5. 编程尺寸的修正

按调整后的尺寸编程并加工一组工件,测量关键尺寸的实际误差分散中心,并求出常值系统性误差,再按此误差对程序尺寸进行调整并修改程序。

二、应用实例

如图 3-2-2 所示为一板类零件。因其轮廓各处尺寸公差大小、偏差位置不同,故对编程尺寸会产生影响。如果用同一把铣刀、同一个刀具半径补偿值编程加工,很难保证各处尺寸在公差范围之内。

对这一问题一般是在编程计算时,改变轮廓尺寸并移动公差带,用上述方法将编程尺寸取为平均尺寸,采用同一把铣刀和同一个刀具半径补偿值加工,如图中的括号内尺寸,其偏差均作了相应改变,计算与编程时用括号内尺寸来进行。

轮廓尺寸改为平均尺寸后,两个圆弧的中心和切点的坐标尺寸应按修改后的尺寸计算。

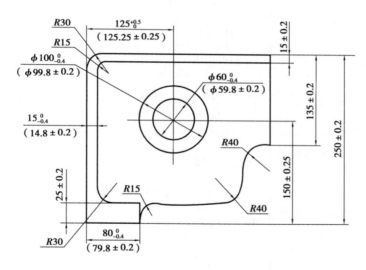

图 3-2-2 零件尺寸公差对编程的影响

任务实施

1. 加工案例工艺分析

①对如图 3-2-1 所示的凸模加工案例零件进行详尽分析,找出该凸模加工工艺的不妥之处。

a. 加工方法选择是否得当。

b. 夹具选择是否得当。

c. 刀具选择是否得当。

d. 加工工艺路线是否得当。

e. 切削用量是否合适。

f. 工序安排是否合适。

g. 机床选择是否得当。

h. 装夹方案是否得当。

②对上述问题进行分析后,如果有不当的地方改正过来,提出正确的工艺措施。

③制订正确工艺并优化工艺。

④填写该凸模加工案例零件数控加工工序卡、数控加工刀具卡,确定装夹方案和加工走刀路线,并计算基点坐标。

2. 加工案例零件加工工艺、装夹方案、加工走刀路线与基点坐标

1)凸模加工案例零件数控加工工序卡

凸模加工案例零件数控加工工序卡见表3-2-2。

表 3-2-2　凸模加工案例零件数控加工工序卡

单位名称		产品名称或代号		零件名称		零件图号	
				凸模			
工序号	程序编号	夹具名称		加工设备		车间	
		平口台虎钳		数控铣床		数控中心	
工步号	工步内容	刀具号	刀具规格/mm	主轴转速/(r·min⁻¹)	进给速度/(mm·r⁻¹)	检测工具	备注
1	粗铣凸台,凸台四周及台阶面留 1.5 mm	T01	φ20	287	114	游标卡尺	
2	半精铣凸台,凸台四周及台阶面留 0.1 mm 余量	T01	φ20	318	100	游标卡尺	
3	精铣凸台至尺寸	T02	φ20	350	60	外径千分尺	
编制		审核		批准		年　月　日	共　页　第　页

2)凸模加工案例零件数控加工工具卡

凸模加工案例零件数控加工刀具卡见表3-2-3。

表 3-2-3　凸模加工案例零件数控加工刀具卡

产品名称或代号		零件名称	凸模	零件图号			
序号	刀具号	刀具			加工表面	备　注	
		规格名称	数量	刀长/mm			
1	T01	ϕ20 mm 高速钢立铣刀	1	实测	凸台四周及台阶面		
2	T02	ϕ20 mm 高速钢立铣刀	1	实测	凸台四周及台阶面		
编制		审核		批准	年　月　日	共　页	第　页

3）凸模加工案例零件装夹方案

该凸模加工案例零件前后、左右结构对称，高度方向尺寸以下平面作为尺寸基准，同时也是设计基准，故该案例零件加工时以下平面及相互垂直的两侧面作为定位基准定位。因该凸模加工案例零件为半成品，小批量生产，工件上下平面及四周均已按图纸技术要求加工好，且工件的宽度尺寸只有 70 mm，在平口台虎钳的夹持范围内，故可采用平口台虎钳按如图 3-1-34（b）所示找正虎钳后再装夹工件。

4）凸模加工案例零件精加工走刀路线

凸模加工案例零件精加工走刀路线如图 3-2-3 所示。

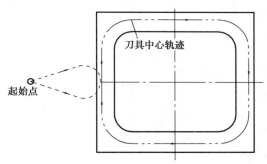

图 3-2-3　凸模加工案例零件精加工走刀路线

5）计算基点坐标

改凸模案例零件基点坐标计算直观简单，这里不再赘述。

任务评价

评价方式见表 3-2-4。

表 3-2-4　评价表

序号	评价标准	学生测评
1	能高质量、高效率地找出如图 3-2-1 所示的凸模加工案例中工艺设计不合理之处,提出正确的解决方案,并完整、优化地设计如图 3-2-4 所示的样板零件 ABCDEF 外轮廓的数控加工工艺,确定装夹方案	
2	能在教师的偶尔指导下找出如图 3-2-1 所示的凸模加工案例中工艺设计不合理之处,并提出正确的解决方案	
3	能在教师的偶尔指导下找出如图 3-2-1 所示的凸模加工案例中工艺设计不合理之处,并提出基本正确的解决方案	
4	能在教师的偶尔指导下找出如图 3-2-1 所示的凸模加工案例中工艺设计不合理之处	
等级:优秀;良好;中等;合格		

巩固与提高

如图 3-2-4 所示的样板零件,厚度 5 mm 的 *ABCDEF* 外轮廓已经粗加工,周边留 3 mm 余量,其他面及两面均已加工好。要求数控加工如图 3-2-4 所示的 *ABCDEF* 外轮廓,φ20 孔后续再安排普通机床加工,工件材料为铝板。试设计该样板零件 *ABCDEF* 外轮廓的数控加工工艺,并确定装夹方案。

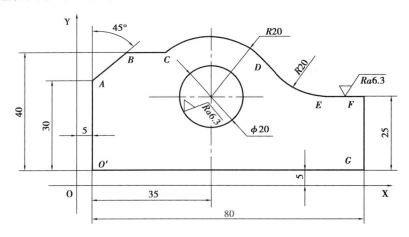

图 3-2-4　样板

任务三 平面内轮廓零件加工工艺编制

任务描述

1.分析数控铣削零件内轮廓(凹槽型腔)的加工方法及走刀路线;

2.制订如图 3-3-1 所示凹模加工案例零件的数控铣削加工工艺;

3.编制如图 3-3-1 所示凹模加工案例零件的数控加工工序卡、数控加工刀具卡等工艺文件。

凹模加工案例零件说明:该凹模加工案例零件为半成品,小批量生产。该零件上下平面及四周均已按图纸技术要求加工好,要求数控铣削凹槽,保证凹槽底平面与凹槽侧壁垂直度 0.02 mm,凹槽长宽分别为 $60_{+0}^{0.03}$ mm 和 $50_{+0}^{0.03}$ mm,凹槽深度尺寸 5 mm;内转接圆弧尺寸 $R10$ mm,凹槽型腔表面粗糙度 $Ra3.2$ μm。

该凹模加工案例零件数控加工工艺规程见表 3-3-1。

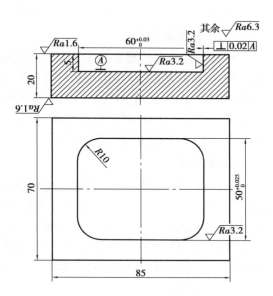

图 3-3-1 凹模加工案例零件

表 3-3-1 凹模加工案例零件数控加工工艺

工序号	工序内容	刀具号	刀具名称	主轴转速 /(r·min⁻¹)	进给速度 /(mm·min⁻¹)	背吃刀量 /mm	机床	夹具
1	采用行切法,粗铣凹槽留 2 mm	T01	$\phi10$ 高速钢立铣刀	600	70	3	数铣	可调夹具
2	采用行切法,半精铣凹槽留 0.5 mm 余量	T02	$\phi10$ 高速钢立铣刀	500	100	1.5	数铣	可调夹具
3	精铣凹槽至尺寸	T03	$\phi10$ 高速钢立铣刀	700	130	0.5	数铣	可调夹具

能力目标

1.会选择内槽(型腔)起始切削的加工方法;

2. 会制订数控铣削零件内轮廓（凹槽型腔）的数控加工工艺；

3. 会编制数控铣削零件内轮廓（凹槽型腔）的数控加工工艺文件。

相关知识

内槽（型腔）起始切削的加工方法如下：

一、预钻削起始孔法

预钻削起始孔法就是在实体材料上先钻出比铣刀直径大的起始孔，铣刀沿着起始孔下刀后，再按行切法、环切法或行切+环切法侧向铣削出内槽（型腔）的方法。一般不采用这种方法，因为采用这种加工方法，钻头的钻尖凹坑会残留在内槽（型腔）内，需采用另外的铣削方法去该钻尖凹坑，且增加一把钻头；另外，铣刀通过预钻销孔时因切削力突然变化产生振动，常常会导致铣刀损坏。

二、插铣法

插铣法又称 Z 轴铣削法或轴向铣削法，是利用铣刀端面刃进行垂直下刀铣削的加工方法。采用这种方法开始铣削内槽（型腔），铣刀端部切削刃必须有一刃过铣刀中心（端面刃主要用来加工与侧面相垂直的底平面）。适合采用插铣法的场合是当加工任务要求刀具轴向长度较大时（如铣削大凹腔或深槽），采用插铣法可有效减小径向切削力，提高加工稳定性，能有效解决大悬深问题。

三、坡走铣法

坡走铣法是开始切削内槽（型腔）的最佳方法之一。它是采用 X，Y，Z 3 轴联动线性坡走下刀切削加工，以达到全部轴向深度的切削方法，如图 3-3-2 所示。

四、螺旋插补铣

螺旋插补铣是开始切削内槽（型腔）的最佳方法。它是采用 X，Y，Z 3 轴联动以螺旋插补形式下刀进行切削内槽（型腔）的加工方法，如图 3-3-3 所示。螺旋插补铣是一种非常好的开始切削内槽（型腔）加工方法，切削的内槽（型腔）表面粗糙度 Ra 值较小，表面光滑，切削力较小，刀具耐用度较高，只要求很小的开始切削空间。

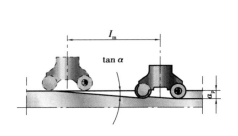

图 3-3-2　坡走铣法

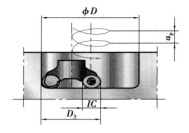

图 3-3-3　螺旋插补铣

任务实施

1. 加工案例工艺分析

① 对如图 3-3-1 所示的凹模加工案例零件进行详尽分析，找出该凹模加工工艺的不妥之处。

a. 加工方法选择是否得当。

b. 夹具选择是否得当。

c. 刀具选择是否得当。

d. 加工工艺路线是否得当。

e. 切削用量是否合适。

f. 工序安排是否合适。

g. 机床选择是否得当。

h. 装夹方案是否得当。

② 对上述问题进行分析后，如果有不当的地方改正过来，提出正确的工艺措施。

③ 制订正确工艺，并优化工艺。

④ 填写该凹模加工案例零件的数控加工工序卡、数控加工刀具卡，确定装夹方案和加工走刀路线。

2. 加工案例零件加工工艺、装夹方案与加工走刀路线

1) 凹模加工案例零件数控加工工序卡

凹模加工案例零件数控加工工序卡见表 3-3-2。

表 3-3-2　凹模加工案例零件数控加工工序卡

单位名称		产品名称或代号		零件名称		零件图号	
				凹模			
工序号		程序编号	夹具名称	加工设备		车间	
			平口台虎钳	数控铣床		数控中心	
工步号	工步内容	刀具号	刀具规格 /mm	主轴转速 /(r·min^{-1})	进给速度 /(mm·min^{-1})	检测工具	备注
1	采用环切法粗铣凹槽，单边留 1.5 mm 余量	T01	$\phi20$	287	114	游标卡尺	
2	采用环切法半精铣凹槽，单边留 0.1 mm 余量	T01	$\phi20$	318	100	游标卡尺	
3	采用环切法精铣凹槽台至尺寸	T02	$\phi20$	350	60	内径百分表	
编制		审核		批准		年　月　日	共　页　第　页

2）凹模加工案例零件数控加工刀具卡

凹模加工案例零件数控加工刀具卡见表3-3-3。

表3-3-3　凹模加工案例零件数控加工刀具卡

产品名称或代号			零件名称	凹模	零件图号		
序号	刀具号	刀　具			加工表面	备　注	
		规格名称	数量	刀长/mm			
1	T01	φ20 mm 高速钢端面刃立铣刀	1	实测	凹槽型腔		
2	T02	φ20 mm 高速钢端面刃立铣刀	1	实测	凹槽型腔		
编制		审核		批准	年　月　日	共　页	第　页

3）凹模加工案例零件装夹方案

该凹模加工案例零件前后、左右结构对称,凹槽深度尺寸以上平面作为尺寸基准,上下平面已按图纸技术要求加工好,保证平行,故该案例零件加工时可以下平面及相互垂直的两侧面作为定位基准定位。因该凹模加工案例零件为半成品,小批量生产,工件四周已按图纸技术要求加工好,且工件的宽度尺寸只有70 mm,在平口台虎钳的夹持范围内,故可采用平口台虎钳如图3-1-35(b)所示找正虎钳后再装夹工件。

4）凹模加工案例零件加工走刀路线

凹模加工案例零件粗铣采用螺旋插补铣形式下刀,下刀后采用环切法进行粗铣和半精铣,具体粗铣和半精铣走刀路线如图3-3-4所示。粗铣和半精铣后,精铣采用如图3-3-4所示无交点内轮廓加工刀具正确的切入和切出方式加工走刀。

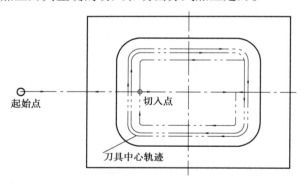

图3-3-4　凹模加工案例零件粗铣和半精铣加工走刀路线

任务评价

评价方式见表3-3-4。

表 3-3-4 评价表

序号	评价标准	学生测评
1	能高质量、高效率地找出如图 3-3-1 所示的凹模加工案例中工艺设计不合理之处,提出正确的解决方案,并完整、优化地设计如图 3-3-5 所示上模零件凹槽型腔的数控加工工艺,确定装夹方案	
2	能在教师的偶尔指导下找出如图 3-3-1 所示的凹模加工案例中工艺设计不合理之处,并提出正确的解决方案	
3	能在教师的偶尔指导下找出如图 3-3-1 所示的凹模加工案例中工艺设计不合理之处,并提出基本正确的解决方案	
4	能在教师的偶尔指导下找出如图 3-3-1 所示的凹模加工案例中工艺设计不合理之处	
等级:优秀;良好;中等;合格		

巩固与提高

如图 3-3-5 所示的上模零件,该零件为半成品,小批量生产,除凹槽型腔外,其他加工部位均已加工好,零件材料为 45 钢。试设计该上模零件凹槽型腔的数控加工工艺,并确定装夹方案。

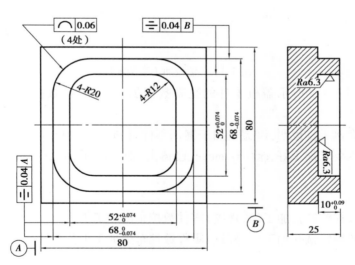

图 3-3-5 上模

任务四　镗铣孔零件加工（含螺纹孔）工艺编制

任务描述

1.制订如图 3-4-1 所示盖板零件的孔系数控加工工艺；

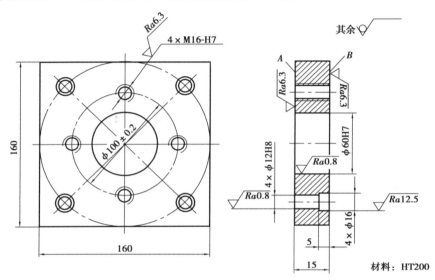

图 3-4-1　盖板加工案例零件

2.编制如图 3-4-1 所示盖板零件的孔系数控加工工序卡、数控加工刀具卡等工艺文件。

盖板加工案例零件说明:该盖板加工案例零件材料为 HT200,除孔系外,A,B 两侧面均已按图纸技术要求加工好,$\phi60H7$ mm 孔已铸出 $\phi50$ mm 的预制孔,小批量生产。

能力目标

1.会制订数控镗铣孔加工(含螺纹)零件数控车削加工工艺；
2.会编写数控镗铣孔加工(含螺纹)零件数控车削加工工艺文件。

任务实施

完成工作任务步骤如下:

1.零件工艺分析

零件图纸工艺分析主要引导学生审查图纸,以及分析零件的结构工艺性、尺寸精度、形位精度和表面粗糙度等图纸技术要求。

该零件图纸尺寸标注完整,很适合数控加工,零件结构简单,主要加工的孔系包括 4 个 M16 螺纹孔、4 个阶梯孔和 1 个 $\phi 60H7$ mm 孔。尺寸精度要求一般,最高为 IT7。$4 \times \phi 12H8$ mm, $\phi 60H7$ mm 孔的表面粗糙度要求较高,达到 $Ra0.8$ μm,其余加工表面的表面粗糙度要求一般。

2. 加工工艺路线设计

加工工艺路线设计主要引导学生选择加工方法、划分加工阶段、划分工序、安排加工顺序及确定进给加工路线。

该零件 $\phi 60H7$ mm 孔为已铸出毛坯孔,因此,选择粗镗→半精镗→精镗方案;$4 \times \phi 12H8$ mm 孔宜采用钻孔→铰孔方案,以满足表面粗糙度要求。

按照先面后孔、先粗后精的原则确定加工顺序。总体顺序为粗镗、半精镗、精镗 $\phi 60H7$ mm 孔→钻各中心孔→钻、锪、铰 $4 \times \phi 12H8$ mm 和 $4 \times \phi 16$ mm 孔→钻 $4 \times M16$ 螺纹底孔→攻螺纹。

由图 3-4-1 可知,孔的位置精度要求不高,因此,所有孔加工的进给路线按最短路线确定。如图 3-4-2—图 3-4-6 所示为孔加工各工步的进给加工路线。

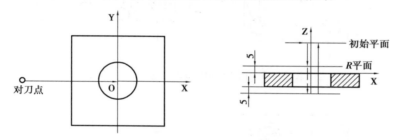

图 3-4-2 镗 $\phi 60H7$ mm 孔进给加工路线

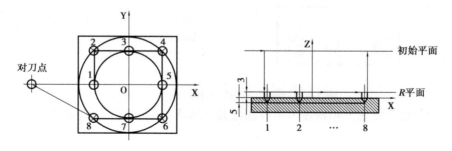

图 3-4-3 钻中心孔进给加工路线

3. 机床选择

机床选择主要引导学生根据加工零件规格大小和加工精度、加工表面质量等技术要求,正确、合理地选择机床型号及规格。

该案例零件外形不大,用立式数控铣床,机床系统为 FANUC 0i 系统。

4. 装夹方案及夹具选择

装夹方案及夹具选择主要引导学生根据加工零件规格大小、结构特点、加工部位和尺

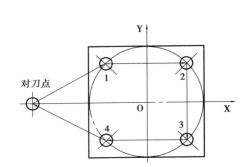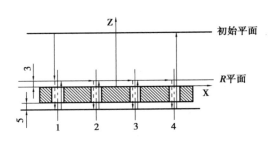

图 3-4-4 钻、铰 4×ϕ12H8 mm 孔进给加工路线

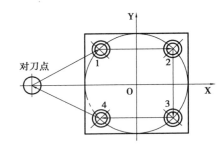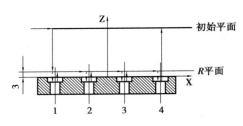

图 3-4-5 锪 4×ϕ16 mm 孔进给加工路线

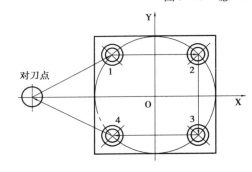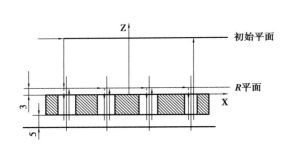

图 3-4-6 钻螺纹底孔、攻螺纹进给加工路线

寸精度、形位精度及表面粗糙度等零件图纸技术要求,确定零件的装夹定位、装夹方案及夹具。

该案例零件形状较规则、简单,加工孔系的位置精度要求不高,可采用台虎钳夹紧,台虎钳在加工中心上按如图 3-1-34(b)找正虎钳后装夹工件的方法找正后,以 A 面(主要定位基准面)和两个侧面定位,用台虎钳从侧面夹紧。

5. 刀具选择

刀具选择主要引导学生根据加工零件余量大小、结构特点、材质、热处理硬度、加工部位和尺寸精度、形位精度及表面粗糙度等零件图纸技术要求,结合刀具材料,正确、合理地选择刀具。

该案例零件 ϕ60H7 mm 孔,根据上述加工工艺路线设计可知,采用粗镗→半精镗→精镗方案,故选择镗刀;4×φ12H8 mm 孔采用钻孔→铰孔方案,故选择中心钻、麻花钻与铰刀;4×φ16 mm 孔采用锪孔方案,故选择阶梯铣刀;4×M16 螺纹采用钻螺纹底孔→攻螺纹方案,故选择麻花钻与机用丝锥。具体刀具规格和种类详见盖板零件数控加工刀具卡。

6. 切削用量选择

切削用量选择主要引导学生根据加工零件余量大小、材质、热处理硬度和尺寸精度、形位精度及表面粗糙度等零件图纸技术要求,结合所选刀具和拟订的加工工艺路线,正确、合理地选择切削用量。

该案例零件各刀具切削用量详见盖板零件数控加工工序卡。

7. 填写数控加工工序卡和刀具卡

填写数控加工工序卡和刀具卡主要引导学生根据选择的机床、刀具、夹具、切削用量及拟订的加工工艺路线,正确填写数控加工工序卡和刀具卡。

1) 盖板加工案例零件数控加工工序卡

盖板加工案例零件数控加工工序卡见表 3-4-1。

表 3-4-1　盖板加工案例零件数控加工工序卡

单位名称		产品名称或代号		零件名称		零件图号	
				盖板			
工序号		程序编号	夹具名称	加工设备		车间	
			台虎钳	数铣		数控中心	
工步号	工步内容		刀具号	刀具规格 /mm	主轴转速 /(r·min⁻¹)	进给速度 /(mm·min⁻¹)	检测工具	备注
1	钻各光孔和螺纹孔的中心孔		T01	φ3	1 000	40	游标卡尺	
2	粗镗 φ60H7 mm 孔至 φ58 mm		T01	φ58	400	60	游标卡尺	
3	半精镗 φ60H7 mm 孔至 φ59.85 mm		T02	φ59.85	460	50	内径百分表	
4	精镗 φ60H7 mm 孔		T04	φ60T7	520	30	内径百分表	
5	钻 4×φ12H8 mm 底孔至 φ11.9 mm		T05	φ11.9	500	60	游标卡尺	
6	锪 4×φ16 mm 阶梯孔		T06	φ16	200	30	游标卡尺	
7	铰 4×φ12H6 mm 孔		T07	φ12H8	100	30	专用检具	
8	钻 4×M16 螺纹底孔至 φ14 mm		T08	φ14	350	50	游标卡尺	
9	4×M16 螺纹孔口倒角		T09	φ18	300	40	游标卡尺	
10	攻 4×M16 螺纹孔		T10	M16	100	200	螺纹通止规	
编制		审核		批准		年 月 日 共 页	第 页

2）盖板加工案例零件数控加工刀具卡

盖板加工案例零件数控加工刀具卡见表3-4-2。

表 3-4-2 盖板加工案例零件数控加工刀具卡

产品名称或代号			零件名称	盖板	零件图号	
序号	刀具号	刀具			加工表面	备注
		规格名称	数量	刀长/mm		
1	T01	ϕ3 mm 中心站	1	实测	钻中心孔	
2	T02	ϕ58 镗刀	1	实测	粗镗 ϕ60H7 mm 孔	
3	T03	ϕ59.85 mm 镗刀	1	实测	半精镗 ϕ60H7 mm 孔	
4	T04	ϕ60H7 mm 镗刀	1	实测	精镗 ϕ60H7 mm 孔	
5	T05	ϕ11.9 mm 麻花钻	1	实测	钻 4xϕ12H8 mm 底孔	
6	T06	ϕ16 mm 阶梯铣刀	1	实测	锪 4xϕ16 mm 阶梯孔	
7	T07	ϕ12H8 mm 铰刀	1	实测	铰 4xϕ12H8 mm 孔	
8	T08	ϕ14 mm 麻花钻	1	实测	钻 4×M16 螺纹底孔	
9	T09	ϕ18 mm 麻花钻	1	实测	4×M16 螺纹孔口倒角	
10	T10	机用丝锥 M16	1	实测	攻 4×M16 螺纹孔	
编制		审核		批准	年 月 日	共 页 第 页

任务评价

评价方式见表3-4-3。

表 3-4-3 评价表

序号	评价标准	学生测评
1	能高质量、高效率地找出如图 3-4-1 所示盖板加工案例零件的孔系数控加工工艺设计,并正确完成巩固与提高中的盖板零件数控加工工艺设计,确定装夹方案	
2	能在无教师的指导下正确完成如图 3-4-1 所示盖板加工案例零件的孔系数控加工工艺设计	
3	能在教师的偶尔指导下正确完成如图 3-4-1 所示盖板加工案例零件的孔系数控加工工艺设计	
4	能在教师的指导下正确完成如图 3-4-1 所示盖板加工案例零件的孔系数控加工工艺设计	
等级:优秀;良好;中等;合格		

巩固与提高

将如图 3-4-1 所示的盖板零件 ϕ60H7 mm 孔改为盲孔无预铸孔,其他不变。试设计其数控加工工艺,并确定装夹方案。

任务五 凸面零件数控加工工艺编制

任务描述

1.分析如图 3-5-1 所示平面槽形凸轮加工案例零件的图纸,进行相应的工艺处理;

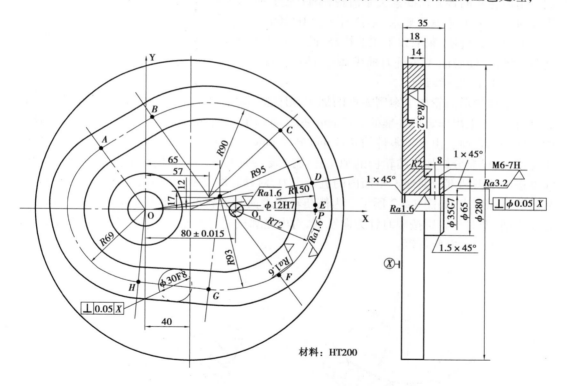

材料:HT200

图 3-5-1 平面槽型凸轮加工案例零件

2.制订如图 3-5-1 所示平面槽形凸轮加工案例零件的数控铣削加工工艺;

3.编制如图 3-5-1 所示平面槽形凸轮加工案例零件的数控铣削加工工序卡、刀具卡等工艺文件。

平面槽形凸轮加工案例零件说明:该平面槽形凸轮加工案例零件为半成品,零件材料为 HT200 铸铁,小批量生产。该零件除凸轮槽之外其他工序均已按图纸技术要求加工好,要求数控铣削凸轮槽。

能力目标

1. 会数控铣削中等以上复杂程度零件图形的数学处理及编程尺寸设定值的确定;
2. 会制订短光轴零件的数控车削加工工艺;
3. 会编写短光轴零件的数控车削加工工艺文件。

任务实施

完成工作任务步骤如下:

1. 零件图纸工艺分析

该案例零件凸轮轮廓由 HA, BC, DE, FG 和直线 AB, HG, 以及过渡圆弧 CD, EF 所组成。组成轮廓的各几何要素关系清楚,条件充分,所需要基点坐标容易计算。凸轮内外轮廓面对底面 X 有垂直度要求,零件材料为 HT200 铸铁,切削工艺性较好。

通过上述分析,采取以下工艺措施:凸轮内外轮廓面对底面 X 有垂直度要求,只要提高装夹精度,使底面 X 与铣刀轴线垂直,即可保证。

2. 加工工艺路线设计

该平面槽形凸轮加工案例零件的加工顺序按照基面先行、先粗后精的原则确定。因此,应首先加工用作定位基准的 $\phi 35$ mm, $\phi 12$ mm 两个定位孔和底面 X,然后再加工凸轮槽内外轮廓表面。由于该零件的 $\phi 35$ mm, $\phi 12$ mm 两个定位孔和底面 X 已在前面工序加工完成,这里只分析加工凸轮槽的加工走刀路线。加工走刀路线包括平面内进给走刀和深度进给走刀两部分路线。平面内的进给走刀,对外轮廓是从切线方向切入;对内轮廓是从过渡圆弧切入,如图 3-5-2 所示。为使凸轮槽表面具有较好的加工表面质量,采用顺铣方式铣削,即对外轮廓按顺时针方向铣削,对内轮廓按逆时针方向铣削。深度进给按坡走铣法逐渐进刀到既定深度。

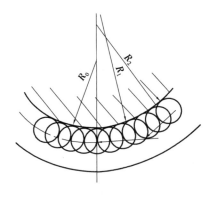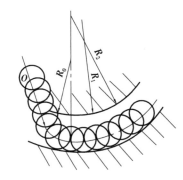

(a)直线切入外轮廓　　　(b)过渡圆弧切入内轮廓

图 3-5-2　凸轮槽切入加工路线

3. 机床选择

数控铣削平面凸轮槽，一般采用 2 轴以上联动的数控铣床。因此，首先要考虑的是零件的外形尺寸和质量，使其在机床的允许加工范围之内；其次考虑数控铣床的加工精度是否能满足凸轮槽的设计要求；最后考虑凸轮槽的最大圆弧半径是否在数控系统允许的范围之内。根据上述要求，数控铣床 XK5025 即可满足。

4. 装夹方案及夹具选择

由于该零件的 ϕ35 mm，ϕ12 mm 两个定位孔和底面 X 已在前面工序加工完成。因此，该案例零件的定位可采用"一面两销（两孔）"定位，即用底面 X 和 ϕ35 mm，ϕ12 mm 两个基准孔作为定位基准。

根据案例零件特点，采用一块 320 mm×320 mm×40 mm 的垫块，在垫块上分别加工出 ϕ35 mm，ϕ12 mm 两个定位孔（注：配定位销），孔距 80±0.015 mm，垫块平面度在 0.05 mm 以内。该案例零件在加工前，先找正固定夹具，使两定位销孔的中心线与机床 X 轴平行，夹具平面要保证与机床工作台面平行，并用百分表检查。平面槽形凸轮加工案例零件在夹具上的装夹示意如图 3-5-3 所示。

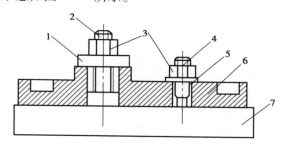

图 3-5-3　平面槽形凸轮加工装夹示意图

1—开口垫圈；2—带螺纹圆柱销；3—压紧螺母；
4—带螺纹削边销；5—垫圈；6—工件；7—垫块

5. 刀具选择

根据案例零件的结构特点，铣削凸轮槽内外轮廓（即凸轮槽两侧面）时，铣刀直径受槽宽限制，同时考虑 HT200 铸铁属于一般材料，加工性能较好，选用 ϕ18 mm 硬质合金立铣刀。

6. 切削用量选择

凸轮槽内外轮廓精加工时，留 0.2 mm 精铣余量。确定主轴转速与进给速度时，首先查表 3-1-4 铣削加工的切削速度参考值和表 3-1-3 铣刀每齿进给量参考值，确定切削速度与每齿进给量，然后根据有关公式计算出主轴转速与进给速度。具体切削用量详见平面槽形凸轮加工案例零件数控加工工序卡。

7. 填写数控加工工序卡和数控刀具卡

1）平面槽形凸轮加工案例零件数控加工工序卡

平面槽形凸轮加工案例零件数控加工工序卡见表 3-5-1。

表 3-5-1　平面槽形凸轮加工案例零件数控加工工序卡

单位名称		产品名称或代号		零件名称		零件图号	
				平面槽形凸轮			
工序号	程序编号	夹具名称		加工设备		车间	
		螺栓压板组合夹具		XK5020/数控铣床		数控中心	
工步号	工步内容	刀具号	刀具规格/mm	主轴转速/(r·min⁻¹)	进给速度/(mm·min⁻¹)	检测工具	备注
1	分 3 次来回铣削,铣深至 12 mm, 凸轮槽宽 25 mm	T01	ϕ18	850	320	游标卡尺	分两层铣削
2	粗铣凸轮槽内轮廓,留余量0.12 mm	T01	ϕ18	1 000	300	游标卡尺	
3	粗铣凸轮槽外轮廓,留余量0.12 mm	T01	ϕ18	1 000	300	游标卡尺	
4	精铣凸轮槽内轮廓至尺寸	T02	ϕ18	1 200	240	专用检具	
5	精铣凸轮槽外轮廓至尺寸	T02	ϕ18	1 200	240	专用检具	
编制		审核		批准		年 月 日 共 页 第 页	

2)平面槽形凸轮加工案例零件数控加工刀具卡

平面槽形凸轮加工案例零件数控加工刀具卡见表 3-5-2。

表 3-5-2　平面槽形凸轮加工案例零件数控加工刀具卡

产品名称或代号			零件名称	平面槽形凸轮	零件图号		
序号	刀具号	刀具			加工表面		备注
		规格名称	数量	刀长/mm			
1	T01	ϕ18 mm 硬质合金端面刃立铣刀	1	实测	粗铣凸轮槽内外轮廓		
2	T02	ϕ18 mm 硬质合金端面刃立铣刀	1	实测	精铣凸轮槽内外轮廓		
编制		审核		批准	年 月 日 共 页 第 页		

任务评价

评价方式见表 3-5-3。

表 3-5-3　评价表

序号	评价标准	学生测评
1	能高质量、高效率地找出如图 3-5-1 所示平面槽形轮廓加工案例零件的数控加工工艺设计,并正确完成如图 3-5-4 所示平面槽形凸轮的数控加工工艺设计,确定装夹方案	
2	能在无教师的指导下正确完成如图 3-5-1 所示平面槽形凸轮加工案例零件的数控加工工艺设计	
3	能在教师的偶尔指导下正确完成如图 3-5-1 所示平面槽形凸轮加工案例零件的数控加工工艺设计	
4	能在教师的指导下正确完成如图 3-5-1 所示平面槽形凸轮加工案例零件的数控加工工艺设计	
等级:优秀;良好;中等;合格		

巩固与提高

如图 3-5-4 所示的平面槽形凸轮零件为半成品,零件材料为 HT200 铸铁,批量 20 件。该零件除凸轮槽之外其他工序均已按图纸技术要求加工好,要求数控铣削凸轮槽。试设计该平面槽形凸轮的数控加工工艺,并确定装夹方案。

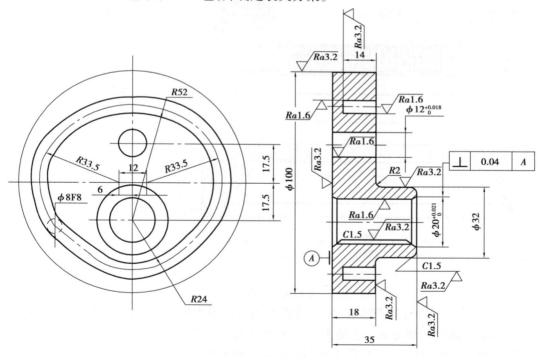

图 3-5-4　平面槽形凸轮

任务六　凹面零件数控加工工艺编制

任务描述

1. 分析如图 3-6-1 所示盒形模具凹模加工案例零件,制订正确的数控铣削加工工艺;

2. 编制如图 3-6-1 所示盒形模具凹模加工案例零件的数控加工工序卡、数控加工刀具卡等工艺文件。

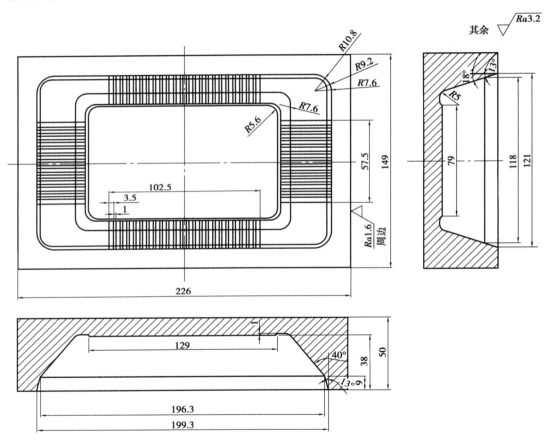

图 3-6-1　盒形模具凹模加工案例零件

盒形模具凹模加工案例零件说明:该盒形模具凹模为单件生产,工件材料为 T8A,外形为六面体,内腔型面复杂。它是由多个曲面组成的凹形型腔。型腔四周的斜平面之间采用 R7.6 mm 的圆弧面过渡,斜平面与底平面之间采用 R5 mm 的圆弧面过渡,在模具的底平面上有一个四周也是斜平面的锥台。模具的外部结构是一个标准的长方体。该案例零件除凹形型腔外,其他部位均已加工好,要求数控铣削凹形型腔。

该盒形模具凹模加工案例零件加工工艺规程见表3-6-1(注:$\phi 20$ 铣刀 4 刃,$\phi 8$ 铣刀 2 刃)。

表 3-6-1　盒形模具凹模加工案例零件数控加工工艺规程

工序号	工序内容	刀具号	刀具名称	主轴转速 /(r·min⁻¹)	进给速度 /(mm·min⁻¹)	背吃刀量 /mm	机床	夹具
1	粗铣整个型腔	T01	$\phi 20$ mm 平底高速钢立铣刀	800	100		加工中心	专用夹具
2	用行切法半精铣整个腔型	T02	$\phi 8$ mm 平底高速钢立铣刀	1 600	120		加工中心	专用夹具
3	用行切法精铣整个腔型	T03	$\phi 8$ mm 高速钢立铣刀	1 800	100		加工中心	专用夹具

能力目标

1. 会分析数控铣削模具的加工工艺特点;
2. 会制订型腔类模具零件的数控铣削综合加工工艺;
3. 会编制型腔类模具零件的数控铣削加工工艺文件。

相关知识

数控铣削模具的加工工艺特点如下:

一、模具加工的基本特点

1. 加工精度要求高

模具上模、下模的组合,镶块与型腔的组合,模块之间的拼合均要求有很高的加工精度。精密模具尺寸精度甚至达微米级。

2. 表面复杂

有些模具表面是由多种曲面组合而成的。因此,模具型腔面很复杂,有些曲面必须用数学计算方法进行处理。

3. 批量小

模具的生产不是大批量成批生产,在很多情况下往往只生产一副。

4. 工序多

模具加工中总要用到铣、镗、钻、铰及攻螺纹等工序。

5. 重复性投产

模具的使用寿命是有限的,当一副模具的使用超过其寿命时,就要更换新的模具。因此,模具的生产往往有重复性。

6. 仿形加工

模具生产中有时既没有图样,也没有数据,要根据实物进行仿形加工。

7. 模具材料优异,硬度高

模具的主要材料多采用优质合金钢制造,这类钢材从毛坯锻造、加工到热处理均有严格的要求。

根据上述特点,在选用加工机床上要尽可能满足加工要求。例如,数控系统的功能要强,机床精度高,刚性好,热稳定性好,以及具有仿形加工功能等。

二、模具加工一般应采取的技术措施

根据上述模具加工的特点,一般在加工工艺上采取一些措施,以便发挥机床高精度、高效率的特点,保证模具加工质量。

①精选材料,毛坯材质均匀。

②合理安排工序,精化工件毛坯。

③数控机床的刚性好,在加工中尽可能选择较大的切削用量,以提高效率。

④有些工件由于易产生切削内应力、热变形,故必须多次装夹才能完成。

⑤加工顺序的安排:

a. 重切削、粗加工、去除零件毛坯上大部分余量。

b. 加工发热量小,精度要求不高的工序。

c. 在模具加工中精铣曲面。

d. 打中心孔、钻小孔、攻螺纹。

e. 精镗孔、精铣平面、铰孔。

三、刀具的选择

数控机床加工曲面构成的型腔时,需采用球头刀以及环形刀(即立铣刀刀尖呈圆弧倒角状)。

四、铣削曲面时应注意的问题

①粗铣。粗铣时,应根据被加工曲面给出的余量,用立铣刀按等高面一层一层地铣削,粗铣台阶的高度视粗铣精度而定。

②半精铣。半精铣的目的是使被加工表面更接近于理论曲面,采用球头铣刀加工。半精加工的行距和步距可比精加工大。

③精铣。精铣最终加工出理论曲面。用球头铣刀精加工曲面时,一般用行切法。对敞开性较好的工件,行切折返点应选在曲面的外面。对敞开性不好的工件表面,因折返时切削速度的变化,故易在已加工表面上留下由停顿和振动产生的刀痕。

④球头铣刀在铣削曲面时,其刀尖处的切削速度很低,应适当地提高机床主轴转速,避免用刀尖切削。

⑤避免垂直下刀。平底圆柱铣刀有两种:一种是端面有顶尖孔,其端刃不过中心;另一种是端面无顶尖孔,端刃相连且过中心。在铣削曲面时,有顶尖孔的端铣刀绝对不能像钻头一样向下垂直进刀,除非预先钻有工艺孔,否则会把铣刀顶断。如果使用无顶尖孔的端铣刀时,可垂直向下进刀,最好的办法是采用坡走铣或螺旋插补铣进刀到一定深度后,再用侧刃横向进给切削。在铣削凹槽面时,可预先钻出工艺孔以便下刀。用球头铣刀垂直进刀的效果虽然比平底的端铣刀好,但也会因为轴向力过大,影响切削效果,最好不使用这种下刀方式。

⑥铣削曲面零件时,如果发现零件材料热处理不好、有裂纹、组织不均匀等现象,应及时停止加工。

⑦在铣削模具型腔较复杂的曲面时,一般需要较长的周期。因此,在每次开机铣削前,应对机床、夹具、刀具进行适当的检查,以免中途发生故障,影响加工精度,甚至造成废品。

⑧在模具型腔铣削时,应根据工件表面粗糙度确定修挫余量。对铣削较困难的部位,如果工件表面粗糙度高,应适当多留些修挫余量;而对平面、垂直沟槽等容易加工的部位,应尽量降低工件表面粗糙度值,减少修挫工作量,避免因大面积修挫而影响型腔曲面的精度。

任务实施

1. 加工案例工艺分析

①对如图 3-6-1 所示的盒形模具凹模加工案例零件进行详尽分析,找出该盒形模具凹模加工工艺的不妥之处。

a. 加工方法选择是否得当。

b. 夹具选择是否得当。

c. 刀具选择是否得当。

d. 加工工艺路线是否得当。

e. 切削用量是否合适。

f. 工序安排是否合适。

g. 机床选择是否得当。

h. 装夹方案是否得当。

②对上述问题进行分析后,如果有不当的地方改正过来,提出正确的工艺措施。

③制订正确工艺,并优化工艺。

④填写该盒形模具凹模加工案例零件的数控加工工序卡、刀具卡,确定装夹方案。

2. 加工案例零件加工工艺与装夹方案

1)盒形模具凹模加工案例零件数控加工工序卡

盒形模具凹模加工案例零件数控加工工序卡见表 3-6-2。

表 3-6-2　盒形模具凹模加工案例零件数控加工工序卡

单位名称		产品名称或代号		零件名称		零件图号
				盒形模具凹模		
工序号	程序编号		夹具名称	加工设备		车间
			螺栓压板组合夹具	数控铣床		数控中心
工步号	工步内容	刀具号	刀具规格 /mm	主轴转速 /(r·min⁻¹)	进给速度 (mm/min)	检测工具	备注
1	粗铣整个型腔	T01	$\phi20$	600	250	游标卡尺	
2	用环切法半精铣上腔型	T02	$\phi12$	500	120	游标卡尺	
3	用环切法精铣上腔型	T03	$\phi6$	1 000	60		
4	用环切法半精铣下腔型	T02	$\phi12$	500	120	专用检具	
5	用环切法精铣下腔型	T03	$\phi6$	1 000	60		
6	精铣底面上锥台四周表面	T03	$\phi6$	1 000	60		
编制		审核		批准		年　月　日　　共　页　第　页	

2）盒形模具凹模加工案例零件数控加工刀具卡

盒形模具凹模加工案例零件数控加工刀具卡见表 3-6-3。

表 3-6-3　盒形模具凹模加工案例零件数控加工刀具卡

产品名称或代号		零件名称	平面槽形凸轮	零件图号	
序号	刀具号	刀具		加工表面	备注
		规格名称	数量	刀长/mm	
1	T01	$\phi18$ mm 硬质合金端面刃立铣刀	1	实测	粗铣凸轮槽内外轮廓
2	T02	$\phi18$ mm 硬质合金端面刃立铣刀	1	实测	精铣凸轮槽内外轮廓
编制		审核	批准	年　月　日　共　页　第　页	

3）盒形模具凹模加工案例零件装夹方案

该盒形模具凹模加工案例零件前后、左右结构对称，凹形型腔深度尺寸以上平面作为尺寸基准，上下平面已按图纸技术要求加工好，保证平行，故该案例零件加工时可以下平面及相互垂直的两侧面作为定位基准定位。因该盒形模具凹模加工案例零件为半成品，单件生产，工件四周已按图纸技术要求加工好，外形尺寸不大，故可采用按如图 3-1-42 所示螺栓压板组合夹具示例找正后再装夹工件。

任务评价

评价方式见表 3-6-4。

表 3-6-4 评价表

序号	评价标准	学生测评
1	能高质量、高效率地找出如图 3-6-1 所示的盒形模具凹模加工案例中工艺设计不合理之处,提出正确的解决方案,并完整、优化地设计如图 3-6-2 所示凹模零件的数控加工工艺,并确定装夹方案	
2	能在教师的偶尔指导下找出如图 3-6-1 所示的盒形模具凹模加工案例中工艺设计不合理之处,并提出正确的解决方案	
3	能在教师的偶尔指导下找出如图 3-6-1 所示的盒形模具凹模加工案例中工艺设计不合理之处,并提出基本正确的解决方案	
4	能在教师的指导下找出如图 3-6-1 所示的盒形模具凹模加工案例中工艺设计不合理之处	
等级:优秀;良好;中等;合格		

巩固与提高

如图 3-6-2 所示为凹模零件。该零件为半成品,除 3 个凹槽型腔和凹球面外,其他加工部位均已加工好,工件材料为 45 钢调质。试设计该凹模型腔(含凹球面)的数控加工工艺,并确定装夹方案。

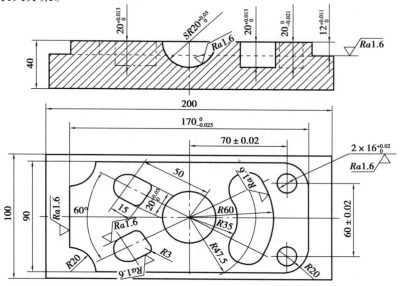

图 3-6-2 凹模

任务七 配合零件数控铣削加工工艺编制

任务描述

如图 3-7-1—图 3-7-3 所示的零件,材料为 45 钢,已完成上下平面及周边侧面的预加工。制订出正确的数控加工工序卡、数控加工刀具卡等工艺文件。

能力目标

1. 提高综合控制尺寸精度、形位精度和配合间隙的技能;

2. 能按装配图的技术要求编制合理的加工工艺文件;

3. 会配合件的铣削工艺、加工质量的分析。

图 3-7-1 零件配合图

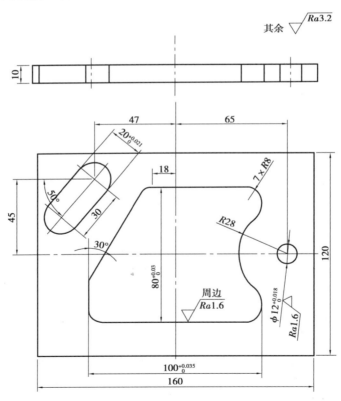

图 3-7-2 配合件 1

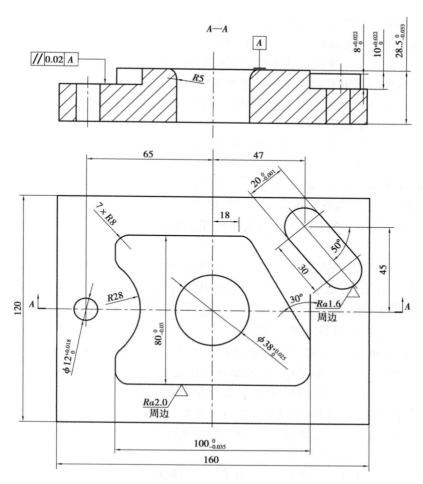

图 3-7-3 配合件 2

相关知识

配合件加工工艺的重点是保证配合件之间的配合精度。配合件加工一般采用配作的加工方法,即首先加工配合件中的一个,加工完毕后再根据实际的成形尺寸加上配合间隙形成另一配合件的实际加工尺寸。

一、配合件加工原则

①一般情况下,首先加工配合件的凸模,然后配作凹模。

②先加工质量较轻的,便于检测配合情况。

③先加工易测量件,后加工难测量件。

二、加工配合件的注意事项

在很多情况下,配合件上的轮廓形状既有外轮廓的凸模,又有内轮廓的凹模,凸、凹形状复合在一个工件上。配合件数控铣削的注意事项如下:

①配合件最好首先加工凸模,然后根据加工后的凸模实际尺寸配作凹模,不要同时加工。配作的加工工艺可降低加工难度,保证加工质量。

②配合件的加工顺序应按层的高度顺序进行加工。

③一次装夹中尽可能完成全部可能加工的内容,以最大程度保证配合件轮廓形状的位置精度。如果必须二次装夹,则特别需要注意二次装夹时工件的找正,而且二次装夹时的位置误差在理论上是不可避免的。

④对在一个配合件上既有外轮廓又有内轮廓的凸、凹复合形状,应先加工第一层是凸模的配合件,以便于尺寸测量。

⑤配合件粗加工时,为避免背吃刀量过大而损坏刀具,多采用层降铣削方式;精加工时,应尽可能保证铣削深度一次完成,避免"接刀",以保证加工表面的尺寸精度和表面粗糙度。对尺寸精度要求较高的配合件或使用直径较小、刚度较差的铣刀时,建议尽量采用逆铣。

⑥配合件上有位置精度要求的孔一定要预先用中心钻定位,再钻、扩、铰孔。对位置精度要求较高、直径大于 16 mm 的孔,为确保其位置精度,可考虑使用镗孔工艺。

⑦凸、凹模配合之前,一定要去除毛刺,以免影响装配精度,造成配合间隙超差。

三、加工配合件时容易出现的问题

①第一件在粗加工后、精加工前将虎钳松开些,减小工件的夹紧变形。如果不这样做,在加工后配合检验时,会在配合的单侧边处明显看到间隙。

②配合时,一定要安装、拆卸自由,不要能装上而拆不下。

③测量薄壁厚度时,要用钢球配合千分尺检验。

④宏编程时忘掉半径问题,在开始加工阶段就将工件加工过切,或复杂宏编程用了刀具半径补偿,出现刀具半径补偿干涉。

⑤对刀时在光洁表面上对 Z 向,导致工件表面粗糙度受到影响。

任务实施

1. 零件图纸工艺分析

如图 3-7-1 所示的零件为配合件,零件外轮廓为正方形,零件配合精度要求较高。在进行配合件加工时,要合理控制好首件凸、凹结构的尺寸大小,一般取尺寸偏差的上偏差、下偏差,为加工配合工件尺寸精度和配合精度奠定基础。

2. 加工工艺路线设计

根据图样要求首先加工件 1,然后加工件 2。件 2 加工完成后,必须在拆卸之前与件 1 进行配合。若间隙偏小,可改变刀具半径补偿,将轮廓进行再加工,直至配合情况良好后方可取下件 2。

件 1 的加工工序如下:

①铣削平面,保证尺寸 10,选用 φ14 mm 三刃立铣刀。

②钻两工艺孔,φ11.8 mm 直柄麻花钻。

③粗加工两个凹型腔(落料),选用 φ14 mm 三刃立铣刀。

④精加工两个凹型腔,选用 ϕ12 mm 四刃立铣刀。

⑤点孔加工,选用 ϕ3 mm 中心钻。

⑥钻孔加工,选用 ϕ11.8 mm 直柄麻花钻。

⑦铰孔加工,选用 ϕ12 mm 机用铰刀。

件 2 的加工工序如下:

①铣削平面,保证尺寸 28.5 mm,选用 ϕ80 mm 可转位立铣刀(5 个刀片)。

②粗加工两外轮廓,选用 ϕ16 mm 三刃立铣刀。

③铣削边角料,选用 ϕ16 mm 三刃立铣刀。

④钻中间位置孔,选用 ϕ11.8 mm 直柄麻花钻。

⑤扩中间位置孔,选用 ϕ35 mm 锥柄麻花钻。

⑥精加工两外轮廓,选用 ϕ12 mm 四刃立铣刀。

⑦加工键形凸台表面,并保证 8 mm 和 10 mm 的高度,选用 ϕ12 mm 四刃立铣刀。

⑧粗镗 ϕ37.5 mm 孔,选用 ϕ37.5 mm 粗镗刀。

⑨精镗 ϕ38 mm 孔,选用 ϕ38 mm 精镗刀。

⑩点孔加工,选用 ϕ3 mm 中心钻。

⑪钻孔加工,选用 ϕ11.8 mm 直柄麻花钻。

⑫铰孔加工,选用 ϕ12 mm 机用铰刀。

⑬孔口 R5 圆角,选用 ϕ14 mm 三刃立铣刀。

3. 机床选择

用立式数控铣床,机床系统为 FANUC 0i 系统。

4. 装夹方案及夹具选择

以底面和侧面作为定位基准,工件采用平口钳装夹。装夹时,钳口内垫上合适的高精度平行垫铁,垫铁间留出加工型腔时的落刀间隙,装夹后要进行工件的校正。工件装夹后所处的坐标位置应与编程中的工件坐标位置相同。

5. 刀具选择

加工过程中,采用的刀具有:80 mm 可转位铣刀;ϕ16 mm,ϕ14 mm 三刃立铣刀;ϕ12 mm四刃立铣刀;ϕ3 mm 中心钻;ϕ11.8 mm,ϕ35 mm 麻花钻;ϕ12 mm 机用铰刀;ϕ37.5 mm粗镗刀;ϕ38 mm 精镗刀。

6. 切削用量选择

工件材料为 45 钢,选择主轴转速时,粗加工及去除余量时取较低值,精加工时选择最大值;粗加工时进给速度选择较大值,精加工进给速度应选择较小值;轮廓深度有公差要求时分两次切削,留一些精加工余量。

7. 填写数控加工工序卡和刀具卡

填写数控加工工序卡和刀具卡主要引导学生根据选择的机床、刀具、夹具、切削用量和拟订的加工工艺路线,正确填写数控加工工序卡和刀具卡。

1)件 1 加工案例零件数控加工工序卡

件 1 加工案例零件数控加工工序卡见表3-7-1。

表 3-7-1 件 1 加工案例零件数控加工工序卡

单位名称		产品名称或代号		零件名称		零件图号	
				配合件 1			
工序号	程序编号	夹具名称		加工设备		车间	
		精密平口钳		数铣		数控实训中心	
工步号	工步内容	刀具号	刀具规格/mm	主轴转速/(r·min⁻¹)	进给速度/(mm·min)	长度补偿	半径补偿
1	粗加工上表面	T01	φ80 盘铣刀	500	300	H1	
2	精加工上表面	T01	φ80 盘铣刀	800	160	H1	
3	钻两工艺孔	T02	φ11.8 麻花钻	500	80	H2	
4	粗加工两个凹型腔	T03	φ14 立铣刀	500	80	H3	7.2
5	精加工两个凹型腔	T04	φ12 立铣刀	800	100	H4	5.98
6	点孔加工	T05	φ3 中心钻	1 200	120	H5	
7	钻孔加工	T02	φ11.8 麻花钻	500	80	H2	
8	铰孔加工	T06	φ12 机用铰刀	300	50	H6	
编制		审核		批准		年 月 日	共 页 第 页

2）件 1 加工案例零件数控加工刀具卡

件 1 加工案例零件数控加工刀具卡见表 3-7-2。

3）件 2 加工案例零件数控加工工序卡

件 2 加工案例零件数控加工工序卡见表 3-7-3。

表 3-7-2 件 1 加工案例零件数控加工刀具卡

产品名称或代号			零件名称	件 1	零件图号	
序号	刀具号	刀具			加工表面	备注
		规格名称	材料	刀长/mm		
1	T01	φ80 盘铣刀	硬质合金	实测	平面	
2	T02	φ11.8 直柄麻花钻	高速钢	实测	孔	
3	T03	φ14 粗齿三刃立铣刀	高速钢	实测	外形轮廓	
4	T04	φ12 细齿四刃立铣刀	高速钢	实测	外形轮廓	
5	T05	φ3 中心钻	高速钢	实测	孔	
6	T06	φ12 机用铰刀	高速钢	实测	孔	
编制		审核		批准	年 月 日	共 页 第 页

表 3-7-3 件 2 加工案例零件数控加工工序卡

单位名称		产品名称或代号		零件名称		零件图号	
				配合件 2			
工序号	程序编号	夹具名称		加工设备		车间	
		精密平口钳		数铣		数控实训中心	
工步号	工步内容	刀具号	刀具规格 /mm	主轴转速 /(r·min⁻¹)	进给速度 /(mm·min⁻¹)	长度补偿	半径补偿
1	粗加工上表面	T01	φ80 盘铣刀	500	300	H1	
2	精加工上表面	T01		800	160	H1	
3	粗加工两个外轮廓	T02	φ16 立铣刀	500	120	H2	8.2
4	铣削边角						
5	钻中间位置孔	T03	φ11.8 麻花钻	500	80	H3	
6	扩中间位置孔	T04	φ35 麻花钻	150	20	H4	
7	精加工两个外轮廓	T05	φ12 立铣刀	800	100	H5	
8	加工键形凸台表面						
9	粗镗孔 φ37.5	T06	φ37.5 粗镗刀	850	80	H6	
10	精镗孔 φ38	T07	φ38 精镗刀	1 000	40	H7	
11	点孔加工	T08	φ3 中心钻	1 200	120	H8	
12	钻孔加工	T03	φ11.8 麻花钻	550	80	H3	
13	铰孔加工	T09	φ12 机用铰刀	300	50	H9	
14	孔口 R5 圆角	T010	φ14 立铣刀	800	1 000	H10	
编制		审核		批准		年 月 日	共 页 第 页

4）件 2 加工案例零件数控加工刀具卡

件 2 加工案例零件数控加工刀具卡见表 3-7-4。

表 3-7-4 件 2 加工案例零件数控加工刀具卡

产品名称或代号			零件名称	配合件 2	零件图号	
序号	刀具号	刀具			加工表面	备注
		规格名称	材料	刀长/mm		
1	T01	φ80 盘铣刀	硬质合金	实测	平面	
2	T02	φ16 粗齿三刃立铣刀	高速钢	实测	轮廓	
3	T03	φ11.8 直柄麻花钻		实测	孔	

续表

4	T04	ϕ35 锥柄麻花钻		实测	孔	
5	T05	ϕ12 细齿四刃立铣刀	高速钢	实测	轮廓	
6	T06	ϕ37.5 粗镗刀		实测	内孔	
7	T07	ϕ38 精镗刀	硬质合金	实测	内孔	
8	T08	ϕ3 中心钻		实测	孔	
9	T09	ϕ12 机用铰刀	高速钢	实测	孔	
10	T010	ϕ14 粗齿三刃立铣刀		实测	轮廓	
编制		审核		批准		年 月 日 共 页 第 页

任务评价

评价方式见表 3-7-5。

表 3-7-5　评价表

序号	评价标准	学生测评
1	能高质量、高效率地完成配合零件的数控加工工艺设计,并完成巩固与提高中的配合零件数控加工工艺设计	
2	能在无教师的指导下完成配合零件的数控加工工艺设计	
3	能在教师的偶尔指导下正确完成配合零件的数控加工工艺设计	
4	能在教师的指导下完成配合零件的数控加工工艺设计(内容基本合理)	
	等级:优秀;良好;中等;合格	

巩固与提高

如图 3-7-4、图 3-7-5 所示的配合零件,材料为 45 钢,零件四周已加工,单件生产。试设计其数控加工工艺,并确定装夹方案。

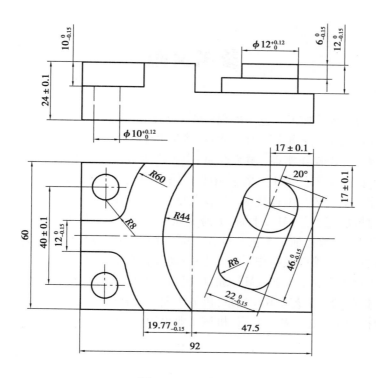

图 3-7-4　配合件 1

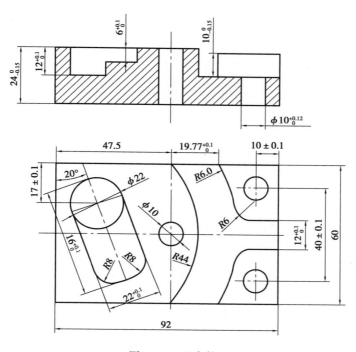

图 3-7-5　配合件 2

参考文献

［1］郭志宏，于春.数控加工工艺与编程［M］.武汉:武汉大学出版社，2011.

［2］张明建.数控加工工艺规划［M］.北京:清华大学出版社,2009.

［3］申世起.数控加工操作实训［M］.北京:中央广播电视大学出版社,2011.

［4］徐宏海.数控加工工艺［M］.北京:中央广播电视大学出版社,2008.

［5］徐刚.数控加工工艺与编程技术［M］.北京:电子工业出版社,2013.

［6］李正峰.数控加工工艺[M].上海:上海交通大学出版社,2004.

［7］赵长明,刘万菊.数控加工工艺及设备［M］.北京:高等教育出版社,2008.

［8］余英良.数控加工编程及操作［M］.北京:高等教育出版社,2005.

［9］王爱玲.数控机床加工工艺［M］.北京:机械工业出版社,2006.

［10］翟瑞波.数控加工工艺［M］.北京:机械工业出版社,2012.

［11］杨丰.数控加工工艺［M］.北京:机械工业出版社,2010.